变压器
有载分接开关
振动检测与诊断

Vibration Detection and Diagnosis for
On-load Tap Changer of Power Transformer

郑一鸣 **主 编**
邵先军 梅冰笑 **副主编**

中国电力出版社
CHINA ELECTRIC POWER PRESS

内 容 提 要

有载分接开关是有载调压变压器的关键组成部分，在电力系统中发挥着稳定负荷中心电压、调节无功潮流、增加电网调度灵活性等重要作用。随着切换次数的增加和使用年限的增多，有载分接开关可靠性会随着投运之后大量的电气冲击和机械冲击而逐渐降低，轻则调压失败，重则造成电力变压器的损坏，给电力变压器和电网的安全稳定运行造成了很大的威胁。

本书基于声学振动检测原理，针对有载分接开关的缺陷故障，开展了有载分接开关缺陷故障物理模型构建及试验研究、振动信号特征识别技术、典型故障诊断方法和机械性能评估技术、典型振动特征数据库技术等方面的论述。立足于解决生产实际问题，以有载分接开关切换过程中声学振动信号的采集和处理为技术突破口，以有载分接开关缺陷诊断、性能评估和运维策略的优化为落地点，构建了体系化的有载分接开关状态检测、评估、诊断和优化体系，从而提高了 OLTC 典型故障诊断的准确性，为 OLTC 运行状态的在线监测和状态评估提供重要支持。

图书在版编目（CIP）数据

变压器有载分接开关振动检测与诊断/郑一鸣主编．—北京：中国电力出版社，2023.2
ISBN 978-7-5198-7281-6

Ⅰ．①变…　Ⅱ．①郑…　Ⅲ．①变压器－分接开关－振动诊断　Ⅳ．①TM403.4

中国版本图书馆 CIP 数据核字（2022）第 221270 号

出版发行：中国电力出版社
地　　　址：北京市东城区北京站西街 19 号（邮政编码 100005）
网　　　址：http://www.cepp.sgcc.com.cn
责任编辑：畅　舒
责任校对：黄　蓓　李　楠
装帧设计：赵丽媛
责任印制：吴　迪

印　　　刷：三河市万龙印装有限公司
版　　　次：2023 年 2 月第一版
印　　　次：2023 年 2 月北京第一次印刷
开　　　本：710 毫米×1000 毫米　16 开本
印　　　张：13
字　　　数：232 千字
印　　　数：0001—1000 册
定　　　价：68.00 元

编　委　会

前　言

　　有载分接开关是电力变压器的关键组成部分，是灵活不间断调节电网电压、高效接入低碳清洁能源的关键部件，在电力系统中发挥着稳定负荷中心电压、调节无功潮流、增加电网调度灵活性等重要作用。有载分接开关调节频繁，随着切换次数的增加，其可靠性可能会逐渐降低，轻则调压失败，重则造成电力变压器的损坏，给电力变压器和电网的安全稳定运行造成了重大威胁。而机械缺陷占有载分接开关故障原因的90%以上。

　　本书基于声学振动检测原理，针对有载分接开关的缺陷故障，开展了有载分接开关缺陷故障物理模型及试验技术、振动信号特征识别技术、典型故障诊断和性能评估技术、典型振动特征数据库技术等方面的论述。立足于解决生产实际问题，以有载分接开关切换过程中声学振动信号的采集和处理为技术突破口，以有载分接开关缺陷诊断、性能评估和运维策略的优化为落地点，构建了体系化的有载分接开关状态检测、评估、诊断和优化体系，从而提高了OLTC典型故障诊断的准确性，为OLTC运行状态的在线监测和状态评估提供重要支持。

　　由于编者水平有限，书中难免有不妥或纰漏之处，恳请读者批评指正。

编　者

2022 年 12 月

目 录

第1章 概　　述

1.1 项目的背景与意义

有载分接开关（On-load Tap-changer，OLTC）是有载调压变压器的关键组成部分，在电力系统中发挥着稳定负荷中心电压、调节无功潮流、增加电网调度灵活性等重要作用。随着电网规模的扩大及对电网供电质量要求的日益提高，OLTC 愈加频繁的调节给其运行可靠性提出了愈来愈高的要求。而 OLTC 自出厂以来，随着切换次数的增加和使用年限的增多，其可靠性会随着投运之后大量的电气冲击和机械冲击而逐渐降低，轻则调压失败，重则造成电力变压器的损坏，给电力变压器和电网的安全稳定运行造成了很大的威胁。

据统计，OLTC 故障是仅次于变压器绕组变形的故障类型，占变压器故障率的 20%以上。由于 OLTC 的性能是由机械性能和电气性能来保证的，常见的故障可分为两种，一是未通电时就能表现出来的机械构件缺陷或失效，称为机械故障；二是通电时表现出的如接触发热、放电拉弧及绝缘下降等，称为电气故障。其中，机械故障作为 OLTC 的主要故障类型，占 OLTC 总故障的 95%以上，具体事故形态包括快速机构储能弹簧力下降、动/静触头磨损、软接连螺栓松动、转换器三相不同步及传动机构故障等。此外，若 OLTC 出现机械故障后还继续运行，往往会导致二次突发的电气故障，如触头接触不良或外部短路引起的局部过热或放电，切换迟滞或失败引起的电弧放电、绝缘油劣化或绝缘材料不良引起的放电故障等。以上各种 OLTC 的典型故障大都涉及 OLTC 的材料、工艺、结构、试验、安装、运行维护和管理等诸多因素，也是制造、采购、安装、运行和管理所共同关注的话题。OLTC 故障的发生往往会造成设备的损坏和人力物力的浪费，也给电力系统带来了不良的经济影响和社会影响。因此，如何对 OLTC 的运行状态进行有效的在线监测与状态评估，对变压器及电力系统的安全可靠运行意义重大。

1.2　国内外研究现状

现有的 OLTC 机械故障监测方法主要依赖于对 OLTC 的定期停运检测维修，耗费大量人力物力的同时检测效率不高、准确率低下。并且，由于 OLTC 工作原理和构造的特殊性，危害较大的缺陷往往发生在触头切换部分、转换开关等内部系统中，在静止状态查找时，单纯依据切换次数或常规的电气参数检测难以发现 OLTC 的早期隐患或缺陷。因机械因素是造成 OLTC 故障的主要原因之一，且机械振动信号中包含有大量的设备状态信息，利用振动信号来检测和诊断 OLTC 机械系统的状态，是目前较为有效的手段。ABB 公司的 Bengtsson 等人于 1996 年首次提出将振动分析法引入 OLTC 的机械故障检测，即采用振动传感器拾取 OLTC 操作过程中机构零部件之间的碰撞或摩擦所引起的机械振动波形，然后采用诸如包络线分析法、小波分析法、希尔伯特-黄变换法及混沌分析法等提取振动信号特征量，监测分析 OLTC 的机械状态。如澳大利亚的 P. Kang 等最早对 OLTC 切换时的振动信号特征展开研究，使用连续小波变换（Continuous Wavelet Transform，CWT）获取了 OLTC 振动信号的时域包络，建立了基于振动信号"垄脊分布图"的 OLTC 工作模式库，凭借触头老化、烧蚀、松动等时的振动信号"垄脊分布图"差异，对 OLTC 的典型机械故障进行了诊断。韩国的 Seo 等根据 OLTC 振动信号 Hilbert 变换的包络提取结果，设计了低通滤波器并根据相关系数的计算结果选取合理的基波形对包络曲线进行重排，提出了基于平均相关系数的 OLTC 状态评估方法。山东大学的赵彤等根据 OLTC 机械振动易受随机因素的影响而呈现的混沌特性，应用相空间重构理论根据 OLTC 振动信号的相图分布，定义了相点空间分布系数来定量描述开关操作时不同振动模式的特征变化，据此诊断 OLTC 的机械故障。然而，考虑到在实际采集振动信号的过程中，数据采集环境和数据采集仪器自身的原因不可避免地存在干扰和噪声。同时，由于 OLTC 振动信号具有较强的瞬时性和随机性，本应与触头分合对应的振动时域信号峰值，容易隐藏在噪声信号中或与相邻触头的振动信号混叠而难以准确识别。因此，关于振动信号特征指标提取的准确度和所含信息的丰富性仍有改进的空间，需要有新的研究思路和分析方法，满足信号波形特征提取的要求。

同时，由于 OLTC 切换时的振动信号具有极强的非平稳性且成分复杂，即使使用振动分析法能够从各个侧面对 OLTC 的振动特性进行有效表征，直接基于特征量所限定的阈值或区间对 OLTC 状态进行判别时，往往以少数振动信号为对象进行分析,极易因信号中随机出现的奇异点对开关机械状态漏判或误判,且从单个方面进行的特征分析结果,准确度与普适性难以保证,有必要在特征分析研究基础上进行进一步的模式识别研究。其中,人工智能技术的发展给电力设备的故障诊断提供新的思路,如神经网络、模糊理论、支持向量机、相关向量机及其多种智能算法的融合诊断模型日益成为研究重点,以提高电力设备故障诊断的准确性。如赵彤等人对基于隐马尔科夫模型(Hidden Markov Model,HMM)的 OLTC 机械故障诊断策略进行研究,使用规范化与矢量化后的振动信号的离散功率谱密度作为模型训练用的特征向量样本,大程度上保留了 OLTC 各机械状态下的特征差异,建立了 HMM 范数模式库。大量试验验证表明基于 HMM 的 OLTC 机械故障诊断方案具有突出的故障分类行为。王福忠、熊忠阳等人在对 OLTC 的故障老化评估与监测中使用了自组织映射(Self-organizing Mapping,SOM)算法,分别对 CWT 分解所得子序列提取"垄脊线"、包络时间突变点等特征量进行学习训练,并对同一 OLTC 进行了为期三年的跟踪实验研究,研发了对 OLTC 触头等故障进行实时监测的系统并已投入使用。山东大学王冠等人使用变分模态分解振动信号,并对分解获取的本征模态函数计算加权散度作为特征量测试样本,同时使用和声搜索(Harmony Search,HS)算法优化相关向量机(Relevance Vector Machine,RVM)并训练测试样本集以识别 OLTC 的机械故障。实验证明,所提出的 HS-RVM 集成模型具有较高的故障诊断准确率。各类人工智能算法的引进,提高了 OLTC 诊断技术的智能化水平,但客观存在收敛速度慢,对输入序列完备程度要求高,消耗计算机资源等问题。模式识别方法在 OLTC 故障诊断领域的应用依然尚浅,已有的信号分析方法与模式识别方法结合尚不紧密,需要寻找合适的模式识别算法。

1.3 本项目主要研究内容

综上所述,考虑到 OLTC 机械结构的复杂性及型号的多样性,OLTC 振动信号特征提取和模式识别方法仍有若干问题需要解决,需要深入研究 OLTC 振动信号分析方法,并寻找与之相适合的特征提取和模式识别算法,来提高 OLTC 典型故障诊断的有效性,从而为 OLTC 运行状态的在线监测和状态评估提供重要支持。

项目基于声学振动检测原理,针对有载分接开关的缺陷故障,开展了有载分接开关缺陷故障物理模型及试验技术、振动信号特征识别技术、典型故障诊断和性能评估技术、典型振动特征数据库技术等方面的研究。项目立足于解决生产实际问题，以有载分接开关切换过程中声学振动信号的采集和处理为技术突破口，以有载分接开关缺陷诊断、性能评估和运维策略的优化为落地点，构建了体系化的有载分接开关状态检测、评估、诊断和优化体系，从而提高了 OLTC 典型故障诊断的准确性，为 OLTC 运行状态的在线监测和状态评估提供重要支持。主要研究内容如下：

（1）有载分接开关故障对变压器及系统运行的影响。分析 OLTC 的基本结构及其动作特性，从理论角度归纳总结 OLTC 的各类典型故障产生原因及造成的影响，分析 OLTC 故障对系统稳定性的影响，为后续研究提供了重要的理论支持。

（2）有载分接开关缺陷故障物理模型构建及试验研究。构建 OLTC 的典型物理模型，研究 OLTC 各类典型故障的模拟方法。搭建 OLTC 缺陷故障模拟试验平台，设计试验方案，开展 OLTC 正常与典型缺陷故障下切换过程中的振动信号及电动机驱动电流信号的测试分析，在平台上研究 OLTC 的故障类型、故障产生原因及发展过程，指导 OLTC 故障检测技术的研究。

（3）有载分接开关振动信号特征识别技术研究。研究 OLTC 切换时电动机电流信号与振动信号的特征量提取方法，分析 OLTC 电动机电流信号的包络特征，同时针对 OLTC 振动信号的非平稳性、强时变性与低频混沌动力学特征，分别从时域、时频域及高维相空间等角度开展研究。

（4）有载分接开关典型故障诊断方法和机械性能评估。依据 OLTC 典型故障物理模型切换时振动信号的时频域及重构相空间的几何特征，开展基于隐马尔科夫模型（Hidden Markov Model，HMM）、决策树推理及改进模糊集理论研究 OLTC 的典型机械故障诊断方法，以获得更好的诊断结果并形成 OLTC 机械性能评估方法。

（5）有载分接开关的典型振动特征数据库。变电站现场典型 OLTC 振动特性测试分析。建立 OLTC 的振动数据库。开展绝缘油对 OLTC 机械振动的影响分析，以及传统油灭弧式及真空式 OLTC 的振动特性对比等研究，同时建立 OLTC 振动数据库。

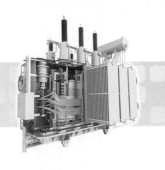

第2章 有载分接开关故障对变压器及系统运行的影响

2.1 有载分接开关结构简介

OLTC 是在变压器负载回路不断电的情况下，改变变压器线圈有效匝数的机械装置，由安装在变压器箱壁的电动机构经转动轴（水平与垂直）、伞形齿轮箱转动进行操作，其基本技术要求为切换过程中负载回路不断路和不短路，即变压器两相邻抽头必须有一个短（桥）接过程及串接合适的电阻（或电抗）。按结构方式分类时，可分为复合式 OLTC 和组合式 OLTC，两者主要表现为分接变换原理的不同、触头结构与布置的差异。其中，复合式 OLTC 因结构简单、体积小等原因，通常在电压较低、容量较小的变压器上使用。本次试验重点以组合式 OLTC 为对象进行研究。

组合式 OLTC 主要包括选择开关、切换开关和电动机构等部分组成，通常将切换开关和选择开关分开布置，即选择开关在变压器油箱内，切换开关在绝缘筒内，每次操作都遵循先预选分接后切换的原则。其换挡过程分两个步骤：第一步是分接选择器在无电流下预选一个与工作分接相邻的分接；第二步，切换开关将电流从工作分接转移到预选分接。整个顺序由电动机构驱动，包括驱动电动机、减速机构和控制、保护装置等。上述机构通过星型槽轮驱动分接选择器，与此同时上紧弹簧储能机构；当储能弹簧上紧动作完成后即驱动切换开关快速的操作循环。它的转换时间决定于开关型式和结构，在 40～60ms 之间，一旦弹簧释放，不管电动机构是否在驱动，切换开关的操作循环即告完成。

OLTC 从工作分接位置变换到相邻分接位置是一步完成的。电动机构首先上紧储能弹簧，然后弹簧释放能量，快速转动选择开关的动触头系统，从一个分接变换到下一个分接。

以某 CM 型 OLTC 为例进行说明，如图 2-1 所示。其中，切换开关作为专门承担切换负荷电流的部分包括如下部件：

（1）触头系统（转换负荷电流）：包括过渡触头系统和工作触头系统，其中，前者是按一定几何关系互相连动的触头组，承担切换电流的任务，触头表面将产生电弧。后者是与前者互相配合的短接触头，承担长期通过工作电流的任务，在程序上总是先离开后接触。

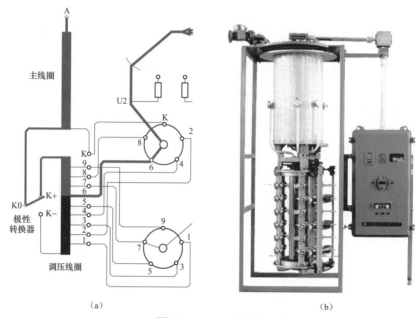

图 2-1　OLTC 示意图

（a）电气原理图；（b）典型部件示意图

（2）快速机构：切换开关的动力源，依靠弹簧储能释放。

（3）过渡电阻器：切换过程中限制循环电流。

（4）油室：防止开关油室内污油与变压器本体油相混合。

分接选择器把所有的分接头分成单数组（1、3、5…）和双数组（2、4、6…）轮流选择分接头。此时选择器只做准备工作，先将要换接的分接头预先接通，然后切换开关才切换到这个分接位置上来，因此选择器是不切换负载电流的。切换开关承担着负载电流转换的任务，是 OLTC 的中心环节，有载调压的可靠性极大程度取决于切换开关是否可靠。此外，切换开关触头动作程序产生的碰撞是 OLTC 切换过程中振动的主要来源，是评估 OLTC 运行状态的重要信息。

在 OLTC 的切换过程中，过渡电阻的主要功能如下：

（1）跨接相邻两分接，起过渡电路作用。

（2）限制桥接循环电流，避免级间短路。

（3）充当并联双断口过渡触头平衡电阻（强制分流）。

（4）合理匹配时提高触头切换任务，延长触头寿命。

（5）充当级间过电压保护衰减电阻，改善级间绝缘性能，缩小径向尺寸。

通常有单电阻、双电阻和四电阻过渡等三种形式，本报告在此以双电阻切换开关为例对 OLTC 完成一次分接变换的过程进行描述，如图 2-2 所示。详细描述如下：

图 2-2（a）、图 2-2（b）：主触头Ⅰ导通、Ⅰ侧的主通断触头 A1 导通，负载电流 I_N 通过主触头Ⅰ输出；主触头Ⅰ断开，负载电流 I_N 转经主通断触头 A1 输出。

图 2-2（c）、图 2-2（d）：过渡触头 A2 闭合。主通断触头 A1 断开，产生一个电弧，该电弧在电流第一个零位熄灭。在主通断触头 A1 断口处恢复电压，负载电流经过过渡电阻 R 从触头 A2 通过输出。

图 2-2（e）：过渡触头 A2、B2 桥接，产生一个循环电流，循环电流的大小受过渡电阻 R 的限制，触头 A2 通过循环电流和负载电流同方向，而使过渡触头 A2 的通过电流增加，因级电压只占输出电压的百分之几可以认为负载电流平均流过触头 A2、B2。

图 2-2（f）、图 2-2（g）：过渡触头 A2 断开，产生一电弧，此电弧在电流第二个零位时熄灭（以切换开关开始算）。过渡触头 A2 断口处产生恢复电压；Ⅱ侧主通断触头 B1 闭合，并通过负载电流。

图 2-2（h）、图 2-2（i）：过渡触头 B2 断开，主触头Ⅱ闭合，并接通负载电流 I_N，分接变换结束。

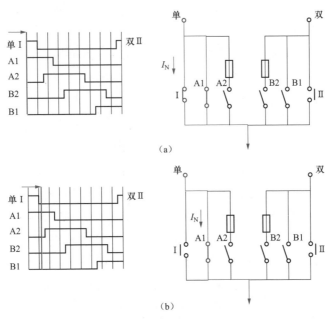

图 2-2　分接开关Ⅰ-Ⅱ的完整动作程序（一）

（a）初始状态：主触头Ⅰ导通、Ⅰ侧的主通断触头 A1 导通；（b）主触头Ⅰ断开

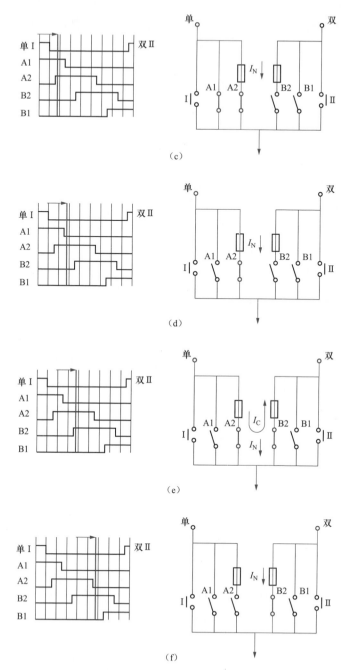

图 2-2　分接开关Ⅰ-Ⅱ的完整动作程序（二）

（c）Ⅰ侧过渡触头 A2 导通；（d）Ⅰ侧主通断触头 A1 断开；（e）Ⅱ侧过渡触头 B2 导通；

（f）Ⅰ侧过渡触头 A2 断开

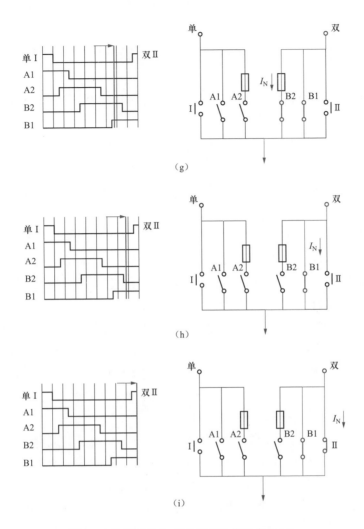

图 2-2　分接开关Ⅰ-Ⅱ的完整动作程序（三）

（g）Ⅱ侧主通断触头 B1 导通；（h）Ⅱ侧过渡触头 B2 断开；（i）主触头Ⅱ导通，完成挡位切换过程

由前述过程可见，OLTC 操作过程中机构零部件的碰撞或摩擦如开关触头的闭合等会引起机械振动，如图 2-2（c）Ⅰ侧过渡触头 A2 导通、图 2-2（e）Ⅱ侧过渡触头 B2 导通、图 2-2（g）Ⅱ侧主通断触头 B1 导通、图 2-2（i）主触头Ⅱ导通等共同构成了振动信号，这些振动信号中包含着大量的设备状态信息。考虑到机械因素是造成分接开关故障的主要原因，故可利用振动加速度传感器，非介入性地监测 OLTC 操作过程中的机械振动信号，获取与 OLTC 切换过程中有关的机械结构的状态信息和工作模式，实现对 OLTC 机构卡滞、松动、磨损等机械隐患或故障的诊断，提高其运行可靠性。

2.2　有载分接开关的典型故障归纳

综合文献查阅与现场调研，OLTC 在实际运行过程中可能发生的典型故障大致分为以下几种：

（1）切换开关部件的松动：此类隐患或者故障是 OLTC 运行过程中最主要的机械故障，占全部故障的 50%以上。OLTC 的任何一次切换过程中必伴随着储能弹簧、动静触头等的动作，随着 OLTC 频繁的动作与切换，其切换开关部件的松动不可避免，一般主要集中于触头和弧形绝缘板等直接与切换过程相关联的部件，其中触头松动最为常见，而且产生后果较为严重，往往会引起变压器事故。其松动有可能是静触头的紧固螺钉发生了松动，亦有可能是动触头后端的弹簧发生了松动。当动触头或静触头发生松动时，严重情况下可能会导致切换过程不能顺利完成。如果是由于过渡触头松动使得触头接触不良，将会直接导致其所连接的过渡电阻失效，从而造成大电流直接流向另一侧的过渡电阻，进而烧毁过渡电阻甚至整个切换开关。如果是由于主触头松动导致切换失败，则有可能造成过渡电阻中形成长时间的换流，使得电阻丝过热熔化，进而分解绝缘油产生大量气体，当气体累积到一定程度，便有可能冲破绝缘筒甚至箱壁，引发爆炸，故对此类故障需要重点关注。

（2）切换开关不切换或者切换过慢和中途失败：此三类故障都属于机械故障，是 OLTC 的常发故障，而且产生的后果严重，往往构成变压器事故，一般是指 OLTC 在切换过程中，未能顺利完成一次切换动作，亦称跨挡或咬挡。其结果轻则烧毁过渡电阻，重则烧毁 OLTC 的触头系统。造成跨挡的原因很多，如零部件机械性稳定性差，更多的事故原因是由快速机构机件引起，如主弹簧疲劳、断裂、脱落、级进机构的拨盘滚柱松动脱落及与槽轮配合不当卡住等。若切换开关不切换，将会造成触头烧熔和主变压器跳闸。若切换中途失败，动触头停在中间位置，造成过渡电阻中长时间通流产生事故。

图 2-3 所示为 OLTC 切换过程中过渡电阻通流环路示意图。图中，E 为极间电压；R 为过渡电阻；I_C 为循环电流；I_M 为工作电流。当 OLTC 切换过程中出现中途失败的情形时，会造成过渡电阻长时间通过工作电流及极间电压所产生的循环电流。而过渡电阻是按瞬时通流设计的，当长时间通流时，将造成过渡电阻发热、溶化和烧断现象，轻则烧毁过渡电阻，重则烧毁 OLTC 的触头系统，并会分解变压器油产生大量气体，使切换开关油室的内压急剧增长，造成瓦斯动作跳闸，冲破防爆膜或绝缘筒损坏，产生事故。

如果在过渡电阻已烧断的情况下带负载切换，不但负载电流间断，而且将在过渡电阻的断口上及动静触头开断口间出现全部相电压。该电压既会击穿电阻的断口，又会在动静触头开断时产生强大的电弧，导致变换的分接头间形成短路，使分接线段中产生很大的短路电流，最后导致高压绕组分接线段短路烧毁。同时，电弧将分解开关油室中的油，迅速产生大量气体，若安全保护装置不能立即将其排出，便可能使开关破坏。电弧的能量也可以使开关绝缘筒烧坏，造成

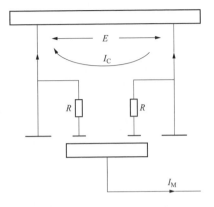

图 2-3　过渡电阻通流环路示意图

开关无法修复。可见，过渡电阻的断开和松动，会引起整台变压器烧毁的重大事故。

（3）切换开关与选择开关动作顺序错误：OLTC 的切换原则是先选再切换，即选择开关先对分接头做出选择，然后切换开关再进行动作。若二者的动作顺序发生错误或颠倒，会使得选择开关中通过较大电流。而由于其本身设计并不具备灭弧功能，因此往往会造成选择开关的烧蚀和损坏，甚至引发爆炸，造成严重后果。造成此类故障的主要原因是开关传动轴松动或齿轮错位等。

（4）储能弹簧及传动转盘松动：此类故障也较为常见，主要原因有可能是长期使用导致的弹簧疲劳及转盘的老化或者弹簧断裂等储能不足的情形。由于弹簧所储存的机械能不能够满足一次切换过程的需要，或者转盘不能够带动所有触头完成一次切换，使得一次切换过程不能顺利完成，又称咬挡或跨挡。其造成的后果与切换开关松动类似，同样会对切换开关及其过渡电阻造成严重破坏，甚至造成变压器跳闸。

如图 2-4 所示，切换开关在双数侧，选择开关在 5 和 6 分接上，当开关向 7 分接转换时，选择开关首先由 5 转到 7，然后切换开关由双数倒向单数，因切换开关拒动，选择开关和电动机构虽已到达 7 分接上，而开关实际上仍在 6 分接。此时，虽然已调一级电压，但变压器电压并未改变。如果是全自动操作或经验不足，为了达到预想的电压值，将继续操作向 8 分接变换。此时，选择开关应先由 6 分接向 8 分接预选，由于切换开关仍在双数侧，选择开关动触头离开定触头时，必将产生电弧，电弧放电时产生的能量密度很大，产生气体的反应急剧而且量多，极易导致绝缘纸发生穿孔烧焦炭化甚至发生金属材料的变形或熔化，烧毁触尖，造成变压器跳闸。

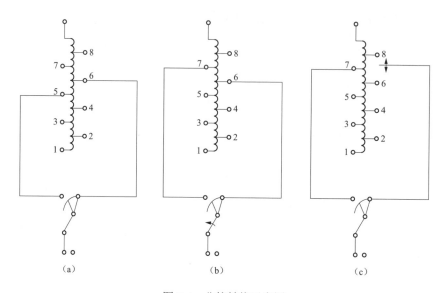

图 2-4　分接转换示意图

（a）分接 6；（b）分接 7；（c）分接 7-8

（5）电动机构故障：电动机构故障的危险性虽没有其他故障如切换开关、选择器等机械故障大，但在实际工作中，故障频发维修工作量最大的就是电动机构（又称驱动机构）。由于电动机构零部件较多，二次接线也较多，故障易发。较为常见的有：

1）水平轴脱落。当发生水平轴脱落时，调压过程中线电压指示不变，手摇操作时阻力小，且阻力基本不变（因开关未转动），也听不到切换开关的切换声音。发生水平轴脱落的原因是：安装尺寸配合不合适，有的是因销槽活动量过大，有的是因水平轴长度不够。此时，OLTC 无法完成正常的调压操作，使得变压器也无法正常工作。

2）限位开关失灵。限位装置有电气和机械双重保护，若失灵可导致烧坏分接开关和变压器。电动机构由于连调会使电气限位装置失去作用，机械限位钉生锈失效，不能弹起以阻止传动轴的连续传动，是造成开关越限的原因。限位开关失灵时，选择开关可能跑到空挡分接头，使带电分接头电压上升为相电压而向空挡分接头放电，造成 OLTC 和变压器故障。

（6）内渗：OLTC 油室中的油是与变压器本体油隔绝的，OLTC 调压时，各触头间有电弧。因此，切换开关油室的油中含有大量的可燃性气体，当切换开关油室密封不严时，两者就会相混，这种情况称为内渗。

内渗的主要原因是：密封胶垫不良，安装不当，制造工艺存在缺陷。造成内渗的常见渗漏部位是：中心轴与底盘之间，绝缘筒与底盘之间，切换开关引出端子，绝缘筒与变压器钟罩之间等。

内渗给正常的色谱分析工作带来很大的麻烦。在变压器调压过程中，受切换电弧的作用，易产生可燃性的特征气体和污垢。调压瞬间因分接开关的切换开关室中油的压力大于变压器本体油的压力，而使切换开关室中的油渗漏到变压器本体油箱内，污染变压器本体油，引起油色谱分析异常，出现大量的 H_2 和 C_2H_2 等变压器故障特征气体，给运维检修造成诸多不便。开关渗漏油会影响对变压器运行工况的判断，会造成不必要的停电试验和检修。OLTC 切换开关室的密封性能和渗漏油问题，已越来越受到业内人士的关注。

（7）热故障：一般源于开关触头的不良接触，导致接触电阻的不断增大，进而诱发温度过高和局部过热的情况出现，以其严重程度为依据，可以将热故障的情况划分为四种，即轻度、中度、中温及高温过热。

触头类故障是导致 OLTC 热故障的主要原因，包括电弧静触头松动；电弧动触头松动；电弧触头磨损；弧触头连接推杆变形；主触头接触不良等。由于 OLTC 频繁的调压动作，触头之间出现机械磨损、电腐蚀和触头污染。电流的热效应会使弹簧的弹性变弱，从而使动、静触头之间的接触压力下降。接触电阻的计算公式可表示为

$$R_a = k / F^n \tag{2-1}$$

式中：F 为接触压力；n 为指数，与触头接触形式有关；k 为常数，与触头材料性质有关。

显然，上述因素都会使触头之间的接触电阻增大，从而导致过度发热，引发热故障。热故障会加速触头表面氧化腐蚀和机械变形，进而又会引起 OLTC 触头接触电阻增大，使触头之间的发热量增大，从而形成恶性循环，即接触电阻不断增大，发热加大，动、静触头间的金属逐渐熔化、脱落，最后在调压过程中开关损坏，严重时可导致变压器过热而出现故障。

（8）滑挡：又称连动、连调、连排等，是 OLTC 最容易出现的故障类型。OLTC 在调压时，一个指令对应一个分接升或降的变换。当发生滑挡时，一个调压指令进行一个分接变换后未停止，失控地完成连续几个分接。故障严重时，电动机构分接操作可一直转到调压方向的极限分接，最后由极限开关或机械限位止动。

造成 OLTC 滑挡的原因很多：交流接触器剩磁或油污造成失电延时，顺序开关故障或与交流接触器动作配合不当；分接开关的机构箱内的微动开关及交流接触器性能不可靠；切换开关固定螺钉止动垫片止动部分不够长、螺钉松动

等都是可能造成开关滑挡的原因。

OLTC 出现滑挡问题时，会使得系统母线的电压出现波动，无法正常调压，电能质量下降，甚至出现电压雪崩。若电压升高，有可能造成变压器过励磁，使变压器过热，损坏变压器。滑挡影响了电力系统和设备的安全稳定运行，也严重影响到了用户的正常用电。

2.3　有载分接开关故障对电力系统的影响分析

OLTC 在电力系统中的主要作用如下：

（1）调压，即调整电压达到恒定，提高供电质量。

（2）联网、调节负荷潮流，即采用 OLTC 实现联网，通过改变分接位置调节负荷潮流。

（3）挖掘设备无功功率与有功功率的出力。具体来说，设备的无功功率 Q 和有功功率 P 分别满足 $Q = U^2 / X_C$ 和 $P = UI$，其中，U 和 I 分别为电压和电流；X_C 为阻抗。由于温升限制可认为电流 I 为恒定值，则调整电压 U 升高时，无功功率 Q 和有功功率 P 均会随之增大。

（4）工业用变压器带负载调整电压、电流及有功功率时，可提高产品质量和产量，节约用电。

显然，OLTC 故障会直接影响到电力系统的电压稳定性，严重情况可能导致电压崩溃。除极端情况外，OLTC 运行时对电力系统易出现的影响可归纳如下：

（1）在电压不稳定区域，OLTC 具有负调压作用，是指在电压不稳定区域，当负荷节点电压下降时，OLTC 试图通过增大变比来增大二次侧电压，却反而使二次侧电压下降的现象。

（2）OLTC 的不连续调整可能使电力系统由电压稳定区域跳变到电压不稳定区域，又称 OLTC 特殊失稳模式。

（3）在电力系统发生扰动以后，如果负荷节点电压偏低，OLTC 的调节将使二次侧电压上升，负荷功率恢复，同时使一次侧电压下降，电流增大。OLTC 的连续动作可能使发电机无功越限，也可能使负荷中的动态负荷，如电动机失去稳定，造成电压水平的急剧下降。OLTC 连续调节的过程是电压失稳全过程中的一个组成时段。

由此可见，OLTC 的调整并不总是有益的，若在此基础上发生 OLTC 故障，其后果可能是灾难性的。本报告在此以图 2-5 所示的系统简化模型来进行说明。

图中，U_1 和 U_2 为节点电压；Z_L 为系统阻抗；$P_2 + jQ_2$ 为负荷视在功率；n 为有载调压变压器变比，假定变比连续可调。

一般认为，OLTC 的作用等价于在空载电压高的一侧并联电容器，而在空载电压低的一侧并联电抗器，随着变比 n 的变化，将会影响变压器两侧无功潮流的分布，进而影响变压器两侧电压的变化。当系统无功缺额较大，而负荷侧电压 U_2 偏低时，如果此时增大 OLTC 的变比，试图使 U_2 升高，势必会加大高压侧对电网无功的需求，从而使高压侧电压严重下降，可能引起电压的崩溃。

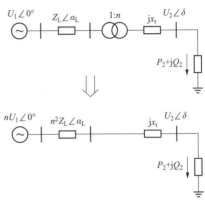

图 2-5　系统简化模型

2.4　电压波动对电网和用户设备的影响分析

某些情况下，电压波动不一定造成严重的系统解列事故，但也会导致系统在低效率、低安全性情况下运行。电压的波动（升高或降低）如果超出了允许范围，便会造成电力网和用户电气设备在电压偏高或偏低条件下运行，在这种运行条件下，电气设备既不经济，也缺乏安全稳定的基本工作前提。此外，电网和用户电气设备在电压偏高或偏低条件下运行均具有危害性，分述如下。

（1）在电压偏高条件下的运行危害：

1）供、用电设备的绝缘加速老化，缩短设备的使用寿命。

2）电动机、变压器空载损耗增大，导致电力网整体损耗增加。

3）影响电压波形，甚至导致过电压，危及人身、电网及用电设备的安全。

4）无功补偿装置无法正常工作，无功补偿效果大大降低，增大网络线损。

5）过电压对变频器的主要影响是会增大电动机铁芯磁通量，极易导致磁路饱和，增大励磁电流，从而导致电动机温度上升过高，对电动机造成损伤；会导致中间直流回路电压升高，进而使变频器输出电压的脉冲幅度过大，最终影响电动机的绝缘寿命；会对中间直流回路滤波电容器寿命造成非常大的影响，极端情况下会引起电容器爆裂。

6）用电设备无法正常工作，严重影响产品和服务质量。例如，照明设备寿命缩短，经常用到的荧光灯装置上的镇流器就属于电压敏感元件，荧光灯通过镇流器为它提供启动电压和运行电压。同时镇流器也能起到对荧光灯的限流作用,电压过高时镇流器就会过热烧损。研究测试表明:当电源电压升高10%时,荧光灯的寿命会减少20%,白炽灯的寿命会骤减70%。

(2)在电压偏低条件下的运行危害:

1)降低发、供电设备的效率。

2)电功率和电能耗损增大。

3)危及电力网的安全运行,严重时可导致部分电网崩溃。

4)增大了电动机的启动难度,电动机长期在低电压状态下运行极易烧毁。

5)广泛应用的电力电子设备及信息用电设备(如精细加工、计算机、机器人等),对供电质量的敏感程度越来越高,对电能质量提出了更全面的要求。有些敏感的信息用电设备甚至不能容许几个周波的电压跌落,如由机器人控制对金属部件进行钻、切割等精密加工的机械工具,为保证产品质量和安全,工作电压门槛值一般设为90%,当电压低于此值且持续时间超过2~3个周波时就会跳闸。

6)欠电压对变频器的主要影响是使得变频器的开关电源无法起振,进而使控制电源的输出停止或输出功率下降,很容易造成变频器控制系统发生功能紊乱,功率器件不能正常进行关断。

7)大大降低了用电设备的实际工作质量和产品质量。比如,照明设备不能正常发光或发光不足,电气设备容量不能充分利用。在生活中必不可少的照明灯,当电压下降10%时,荧光灯的光通亮下降20%,白炽灯的光通亮下降32%,此时将严重影响人的视力和工作效率。如异步电动机的电磁转矩是与其端电压的平方成正比,当电源电压下降到10%时,转矩大约要降低19%,当端电压太低时,电动机可能由于转矩太小而失速甚至停止转动,也可能会造成电动机运行中温升不断增高,甚至将电动机绕组烧坏,严重影响到企业的正常生产。

(3)对用户而言,电压波动对电力系统中用户主要有如下几条危害:

1)荧光灯。亮度随电压波动而变化,当电压在较大范围内持续波动时有闪烁感。照明灯闪烁引起人的视觉不适和疲劳,影响视力。

2)白炽灯。电压高于额定值10%时,电能损耗增大21%,寿命要缩短70%;电压低于额定值时,发光效率急剧下降。

3)高压汞灯。当电压降低20%~30%,持续时间为0.5~1s时会熄灭。

4)电视机画面亮度变化,图像垂直和水平摆动,从而刺激人们的眼睛和大脑。

5)试验设备。要求有较高的输出精度,当输入电压波动时,其精度不能保证,影响对电压较为敏感的工艺或实验结果,如实验时示波器波形跳动、大功率稳流管的电流不稳定，导致实验无法进行。

6）电热设备。电压低于额定电压 10%时，供热量减少 19%，升温时间延长；电压高于额定值会影响发热元件的寿命。

7）异步电动机。电压波动会使其转矩、转差率、负荷电流都受到影响，造成转速不稳或过负荷现象。当电压低于额定电压 10%，电动机电磁转矩约下降为额定转矩的 81%，负荷电流将增大 5%～10%，温升将增高 10%～15%，而且启动时间延长、绝缘老化加快、绕组线圈发热、损耗增加、效率降低及功率因数下降，影响电动机的寿命。对于用电磁启动器控制或装有失压保护的异步电动机瞬时电压降低会导致这些保护装置动作，设备停止运转。

2.5　本　章　小　结

介绍了 OLTC 的基本结构及其动作特性，从理论角度归纳总结了 OLTC 的各类典型故障产生原因及造成的影响，分析了 OLTC 故障对系统稳定性的影响，为后续研究提供了重要的理论支持。

第 3 章　有载分接开关缺陷故障物理模型构建及试验研究

本章主要通过构建 OLTC 的典型物理模型，通过研究 OLTC 各类典型故障的模拟方法，搭建 OLTC 缺陷故障模拟试验平台，设计试验方案，开展 OLTC 正常与典型缺陷故障下切换过程中的振动信号及电动机驱动电流信号的测试分析，在平台上研究 OLTC 的故障类型、故障产生原因及发展过程，指导 OLTC 故障检测技术的研究。

3.1　有载分接开关物理模型描述

鉴于在实际变压器 OLTC 上进行缺陷故障模拟极为困难，本项目在对 OLTC 台账进行归纳总结的基础上，针对待选取的 OLTC 物理模型型号，选取了在现场应用较多的油灭弧式组合式 OLTC 为待构建的分接开关物理模型。同时，现有研究大都用裸开关（主要由选择开关、切换开关和支架等部分组成），与实际 OLTC 的运行环境存在较大差异。故本研究中所制作的 OLTC 物理模型主要由切换开关和选择开关组成的 OLTC 置于一个缩小的变压器油箱之内，如图 3-1 所示。可通过外部调压机构箱控制驱动电动机，经由蜗轮蜗杆驱动分接开关完成挡位切换任务。

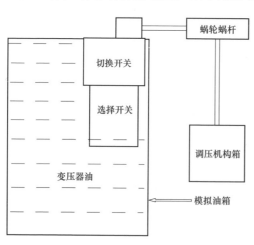

图 3-1　OLTC 物理模型

3.2　有载分接开关振动传感器优化选择布置

3.2.1　声学指纹检测系统

OLTC 的操作过程对应着一系列的机械动作和碰撞过程，能够产生连续的振动信号，因此机械性能的异常变化可通过监测振动事件及其变化来获取。此外，操作过程也必然伴随着驱动电动机电流的变换。据此，建立的测量系统同时测量振动信号和驱动电动机的电流信号、切换开关触头变换程序。

有载分接开关振动测量系统由振动信号测量子系统、触头动作检测子系统、电动机电流测量及数据记录构成。

（1）振动信号的测量。振动传感器拾取振动信号，将其转化成电量如电压、电荷。由于有载分接开关切换分接位置时产生的振动是由动、静触头之间的分离或碰撞形成的，表现为一个个的脉冲信号，这些脉冲的持续时间为 0.5～2ms，频宽为 0.5～2kHz。考虑传感器的灵敏度、线性度范围、频率范围等主要技术指标及环境的适应性，最终选用的加速度传感器质量为 500g，频率特性能达到 10kHz 以上，传感器参数见表 3-1。

表 3-1　　　　　　　　　　　　传 感 器 参 数

传感器	5134B	传感器 2	传感器 3
灵敏度	1mV/g	20mV/g	100mV/g

传感器选用的是电压输出型加速度传感器，其原理是在电荷输出型的基础上在传感器内安装 IC 放大电路，输出方式为低阻抗的电压信号。

振动传感器可通过底面的螺栓固定在磁座上，然后依靠磁座附在变压器分接开关本体外部，也可通过螺栓固定在变压器的外壳上。为了得到有效的数据，必须保证振动传感器放置位置的清洁和平整。

（2）触头动作程序的检测。OLTC 切换机构的触头动作速度非常快，只能采用示波图法测量其动作程序，这样可以观察相关触头的重叠时间。本系统中采用直流试验接线，信号电压为 DC6V，搭建了可以测量触头动作程序的分波形检示电路。

（3）电动机电流的测量及数据记录。电流测试钳从有载分接开关的电动操动机构拾取电动机电流，输入至记录仪内作为有载分接开关动作的指示信号。电流测试钳最大可测有效值 20A 的电流，其输出为 100mV/A。

为了完整采集到分接开关动作过程，选取的采集时间远大于开关的动作时间。记录仪具有多通道输入，存储容量大，可以长时间采集数据。用来记录电荷放大器传来的电压信号和电流测试钳传来的电动机电流。试验中选用的记录仪 DL 850 记录振动信号。图 3-2 所示为测量系统的结构图。

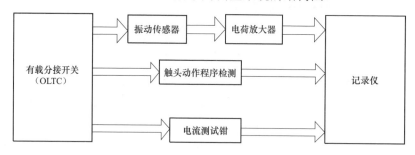

图 3-2　有载分接开关测量系统

为了研究影响检测切换开关动作信号的各种因素，以及进行多种缺陷的模拟，得到不同工作状态下 OLTC 的振动信号，并与 OLTC 安装在变压器上切换时的图谱进行对比。本实验搭建了如下的试验检测平台。试验平台包括测量对象 CM 型 72.5kV 切换开关，选用 B 型选择器。制作了一个高 1.98m、直径 1m 的油箱，可将分接开关放在油箱内。

切换开关动作产生的振动信号，经过绝缘油和变压器外壳随着距离增大信号衰减加剧，因此传感器的监测点布置和安装方式影响监测结果。螺栓安装、磁座安装和黏性安装三种安装方式的各检测点布置如下：

传感器进行螺栓安装方式时检测位置的选择：

（1）在油箱的侧面选择上、中、下三个位置，焊上三个垫片，按照振动传感器螺栓的尺寸在垫片上开几个螺孔。

（2）切换开关油室铝合金法兰的螺栓上同样按照振动传感器的螺栓进行钻孔布置一个检测点。

传感器通过磁座、黏性安装方式固定到油箱表面时，检测位置的确定与螺栓安装方式的检测位置相同。传感器布置方式及检测点布置如图 3-3 和图 3-4 所示。

3.2.2　现场检测技术及影响因素试验研究

1. 传感器灵敏度的影响试验

传感器的灵敏度影响试验如图 3-5 所示，进行了相同位置、相同耦合方式、不同传感器检测振动信号的传感器灵敏度影响试验。通道 1、通道 2、通道 3

传感器的灵敏度分别为 1、20、100mV/g，记录仪的通道设置为 1V/div。

图 3-3　不同耦合方式

图 3-4　安装位置

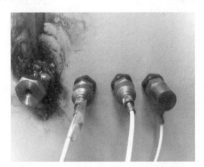

图 3-5　传感器的灵敏度影响试验

2. 传感器耦合方式的影响试验

进行了相同位置、相同传感器、不同检测方式进行检测振动信号的传感器耦合方式（见图 3-6）影响试验。通道 1、通道 2、通道 3 分别为黏性连接、刚性连接、磁性连接（见图 3-7），传感器的灵敏度为 1mV/g。

图 3-6　不同耦合方式

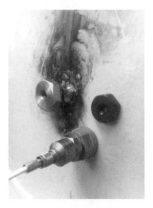

图 3-7　磁性连接

3. 传感器安装位置的影响试验

传感器安装位置的影响试验如图 3-8 所示，进行了相同传感器、相同耦合方式、不同安装位置的传感器安装位置的影响试验，传感器分布在油箱侧面同一直线的上、中、下三个位置。

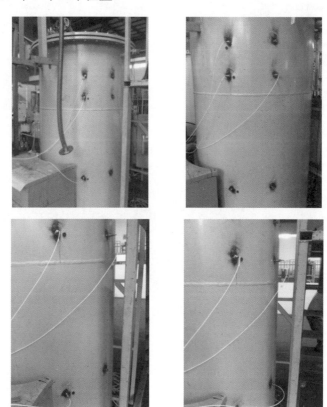

图 3-8　传感器安装位置的影响试验

4. 声学指纹检测的可重复性试验

声学指纹检测的可重复性试验如图 3-9 所示，进行了相同传感器、相同耦合方式、相同位置、相同动作挡位的声学指纹检测的可重复性试验。

5. 声学指纹传播介质的影响试验

声学指纹传播介质的影响试验如图 3-10 所示，进行了相同安装方式、相同传感器的声学指纹传播介质影响试验，分别在分接开关的裸芯及油箱内开展振动测试。

6. 有载分接开关解体试验

有载分接开关解体试验如图 3-11 所示，进行了相同测试条件下有载分接开关的解体试验，确认有载分接开关的振动源。

图 3-9　声学指纹检测的可重复性试验

图 3-10　声学指纹传播介质的影响试验

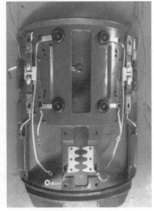

图 3-11　有载分接开关解体试验（一）

图 3-11　有载分接开关解体试验（二）

7. 声学指纹与有载分接开关动作程序试验

结合动作顺序试验进行了有载分接开关声学指纹的动作程序试验（见图 3-12），试验在油箱内完成。

图 3-12　有载分接开关声学指纹动作程序试验

3.2.3 传感器灵敏度的影响分析

图 3-13 所示为相同位置、相同耦合方式、不同灵敏度传感器检测的同一切换开关声学指纹及短时能量法分析图谱。传感器的灵敏度分别为 1、20、100mV/g。

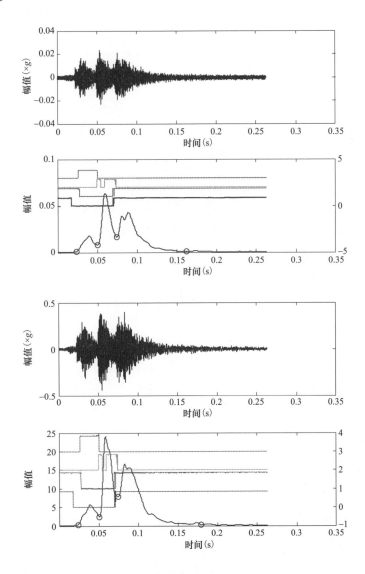

图 3-13 传感器灵敏度的影响分析（一）

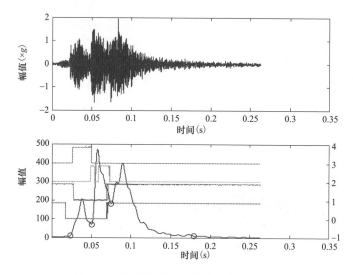

图 3-13　传感器灵敏度的影响分析（二）

根据声学指纹图谱，试验装置在该测量位置的振动峰值约为 20g，根据短时能量法的分析结果可知，三条短时能量曲线除了在能量幅值上不同外，曲线波峰波谷的相对位置和形态基本一致，较高灵敏度传感器得到的短时能量曲线波峰波谷差别稍大于较低灵敏度的传感器，总体上三种常见检测灵敏度的传感器对最终的影响结果比较小。

结合不同等级变压器的结构和传感器测量量程，灵敏度宜选取 10～100mV/g。

3.2.4　传感器耦合方式的影响分析

图 3-14 所示为相同位置、相同传感器、不同传感器耦合方式检测的同一切换开关声学指纹及短时能量法分析图谱，通道 1、通道 2、通道 3 分别为黏性连接、刚性连接、磁性连接。

根据声学指纹图谱，不同耦合方式声学指纹的峰值基本一致，但短时能量曲线差异较大：

（1）在声学指纹图谱峰值相近的情况下，由于磁吸传感器高频测量误差较大，其短时能量曲线幅值明显大于刚性连接和黏性连接。

（2）磁吸传感器测量得到的短时能量曲线峰谷值相对差别明显小于刚性连接和黏性连接。

（3）刚性连接和黏性连接对应的短时能量曲线对振动事件的区分度明显优于磁性连接，其中刚性连接又略优于黏性连接。

结合变压器现场测量的方便性和可行性，对于在运变压器宜采用黏性连接

进行测量，特殊条件下采用磁吸测量；对于新购变压器宜在器身上设刚性连接
螺孔。

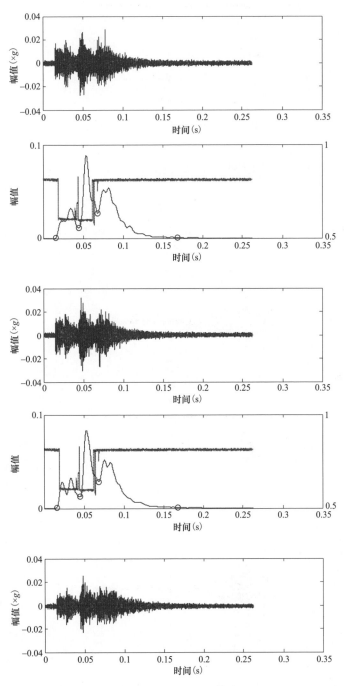

图 3-14　传感器耦合方式的影响分析（一）

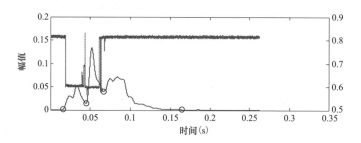

图 3-14　传感器耦合方式的影响分析（二）

3.2.5　传感器安装位置的影响分析

图 3-15 所示为相同传感器、相同耦合方式、不同安装位置传感器检测的同一切换开关声学指纹及短时能量法分析图谱，传感器安装位置依次为分布在油箱侧面同一直线的上、中、下三个位置。

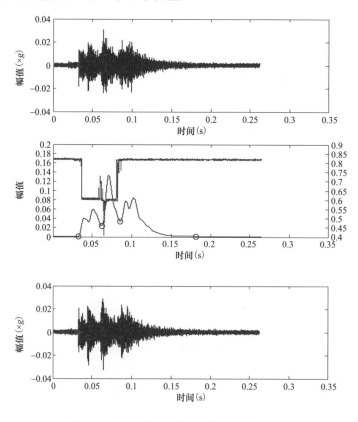

图 3-15　传感器安装位置的影响分析（一）

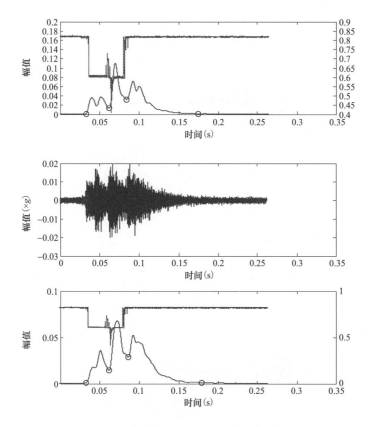

图 3-15　传感器安装位置的影响分析（二）

根据三种安装位置的声学指纹和短时能量曲线可知，安装位置对声学指纹的影响较大，不同位置的声学指纹有较大差别，中、上两个安装位置由于较振动源较近，指纹振动幅值和短时能量曲线幅值明显高于下部安装位置，对于振动事件的区分度也明显优于下部。结合现场情况并考虑到带电测量的可能应用，宜采用中上部安装。为保证数据的可重复性和可比性，应保证每次测量采用相同的传感器安装位置。

3.2.6　声学指纹检测的可重复性分析

图 3-16 所示为相同传感器、相同耦合方式、相同安装位置、相同动作挡位、不同测量时间的声学指纹及短时能量法分析图谱。根据声学指纹图谱，不同次测量所的声学指纹有一定差别，但短时能量曲线无论是在幅值上还是在曲线形态上都具有较高的相似性。

可通过短时能量曲线是否发生明显变化来判断分接开关状态，应当保证每次测试具有相同的测试条件。

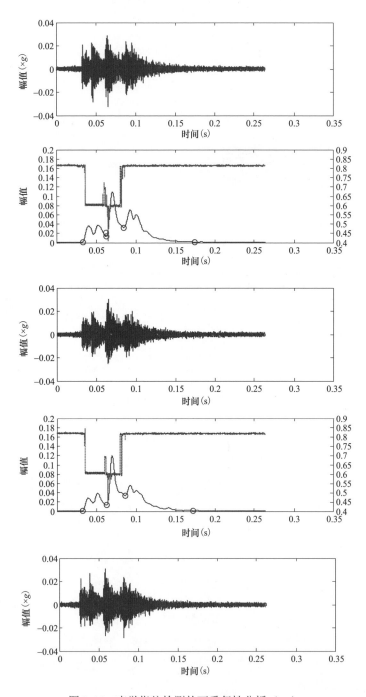

图 3-16 声学指纹检测的可重复性分析（一）

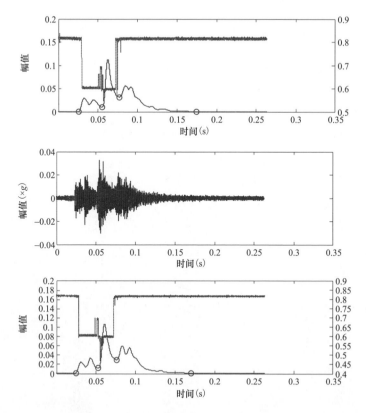

图 3-16　声学指纹检测的可重复性分析（二）

3.3　有载分接开关缺陷故障模拟试验平台的搭建

在上海华明开关厂试验站搭建了 OLTC 试验平台，主要包括 OLTC、振动传感器、电流卡钳、基于 PXI 的振动信号测试系统等。主要研究目的如下：

（1）获取 OLTC 切换过程中的振动信号与电动机电流信号。

（2）研究 OLTC 典型故障类型及其在不同程度下的故障模拟方法，其中，典型故障类型包括弹簧储能不足、两侧静触头松动、两侧静触头磨损、电弧动触头松动、软连接松动、弧形板松动、连接推杆变形/断裂、过渡触头磨损、滑挡、齿轮卡涩等。

（3）获取 OLTC 典型故障下切换时的振动信号与电动机电流信号。

（4）通过对以上各典型故障的模拟试验，研究不同工况下 OLTC 切换时振动信号与电动机电流信号的变化规律，为 OLTC 的机械状态监测及故障诊断奠定基础。

3.3.1 试验用有载分接开关

试验用 OLTC 型号为 CMⅢ-600Y/126C-10193W，生产厂家为上海华明电力设备制造有限公司。

图 3-17 所示为开关实体模型，主要由 OLTC 本体和油箱组成，用于模拟现场变压器用 OLTC。由 OLTC 的铭牌参数可知，该 OLTC 的型号为 CM，驱动电动机型号为 CMA7，最大额定通过电流为 600A，连接方式为三相 Y 接，最高设备电压为 126kV，分接选择器绝缘等级为 C。其切换开关采用双电阻过渡原理设计，对应分接选择器有 10 个分布触头，19 个工作位置，中间位置数为 3，转换选择器为带极性选择器的形式。图 3-18 所示为 OLTC 的调压机构箱。

 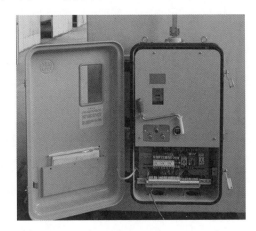

图 3-17 OLTC 实体模型   图 3-18 OLTC 调压机构箱

3.3.2 有载分接开关振动与电流信号的测试

在对 OLTC 物理模型切换时的振动信号进行测试时，选用的振动传感器为灵敏度为 10mV/g 的 PCB 振动加速度传感器。测试系统采用基于 PXI 平台的 OLTC 振动测试系统，软件部分为自行设计。为较为全面地了解 OLTC 切换时振动信号的变化特性，共在 OLTC 顶部放置 6 路振动传感器（1～6 号），油箱侧面 OLTC 垂直传动轴附近放置 2 路振动传感器（7 号和 8 号），如图 3-19 所示。

采用电流钳测量 OLTC 切换时的驱动电动机电流信号，其实物图如图 3-20 所示。电流信号同时进入 PXI 系统，确保实现电流信号与振动信号的同步采样。

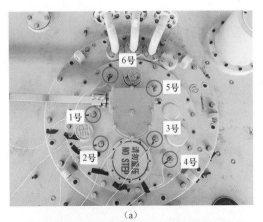

（a）

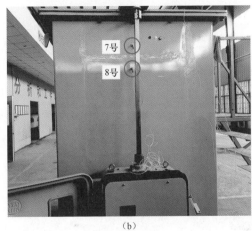

（b）

图 3-19 振动传感器放置实物图

（a）OLTC 顶盖；（b）侧壁

图 3-20 电流信号采集

3.3.3 有载分接开关的典型机械故障模拟与测试

重点对影响 OLTC 内部切换开关动作特性的零部件的典型故障形态进行了模拟，主要有弹簧储能不足（储能弹簧短 1、2 圈和短 4 圈）、两侧静触头松动、两侧静触头磨损、电弧动触头松动、软连接松动、弧形板松动、连接推杆变形与断裂、过渡触头磨损、滑挡、传动机构伞形齿轮卡涩等，分别描述如下：

（1）弹簧储能不足。分别对 OLTC 储能弹簧短 1、2 圈和 4 圈的情形进行了模拟，即通过砂轮磨断弹簧端部，分别去除 1、2 圈和 4 圈，进而吊出 OLTC 切换开关本体，并打开 OLTC 弹簧仓将其更换为故障弹簧，然后将切换开关复位，分别对 OLTC 进行升挡和降挡操作，采集振动信号与电动机电流信号。现场弹簧故障模拟如图 3-21 所示。

图 3-21 储能弹簧故障设置实物图

（2）两侧静触头松动。通过吊出 OLTC 切换开关部分并进行拆卸，使用螺丝刀分别拧松 A 相弧形板上的静触头（图中画圈处），松动程度为一个螺丝环，如图 3-22 所示。

（3）两侧静触头磨损。通过吊出 OLTC 切换开关部分并进行拆卸，使用打磨件将两侧静触头打磨掉 4mm，如图 3-23 中圆圈部分所示，其中右侧为磨损静触头，左侧为正常静触头。

图 3-22 静触头松动设置实物图

图 3-23 静触头磨损设置实物图

（4）电弧动触头松动。吊出 OLTC 切换开关部分并进行拆卸，使用螺丝刀松动 A 相下方四个动触头紧固螺栓的内部螺钉，模拟动触头松动状态，故障设置如图 3-24 所示。

（5）过渡触头磨损。吊出 OLTC 切换开关部分并进行拆卸，将 OLTC 三相单侧过渡触头磨损 4mm，如图 3-25（a）所示，然后更换单相单侧过渡触头，用于模拟过渡触头磨损状态，如图 3-25 所示（b）。

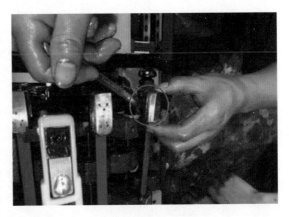

图 3-24　电弧动触头松动设置实物图

（a）

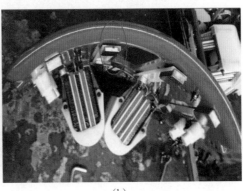

（b）

图 3-25　过渡触头磨损设置实物图

（a）磨损 4mm 触头对比图；（b）磨损触头安装图

（6）软连接松动。吊出 OLTC 切换开关部分并进行拆卸，动触头与动能驱动机构之间有软连接，松动 A 相下方的 4 个软连接螺栓各 3 圈，模拟软连接螺栓松动，故障设置现场如图 3-26 所示。

（7）弧形板松动。吊出 OLTC 切换开关部分并进行拆卸，使用螺丝刀松动弧形板 8 个固定螺栓各 1 圈，模拟 OLTC 长期运行造成的弧形板松动故障，如图 3-27 所示。

（8）连接推杆变形/断裂。将连接推杆敲击变形和取下单侧一根连接推杆来模拟连接推杆变形/断裂故障，如图 3-28 所示。

图 3-26　软连接松动设置实物图　　　　图 3-27　弧形板松动设置实物图

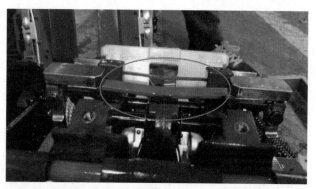

（a）

（b）

图 3-28　连接推杆变形/断裂设置实物图

（a）连接推杆变形；（b）连接推杆断裂

（9）滑挡。使用强制连调连续调 2 个挡位，直至电气限位止动。图 3-29 中左右圆圈分别为 OLTC 控制机构箱内强制升、降挡的连调按钮。

（10）齿轮卡涩。在 OLTC 传动机构伞状齿轮箱中撒入锯末，以模拟齿轮传动阻塞，如图 3-30 所示。

图 3-29　滑挡设置实物图　　　　　图 3-30　齿轮卡涩设置实物图

测试过程如图 3-31 所示。

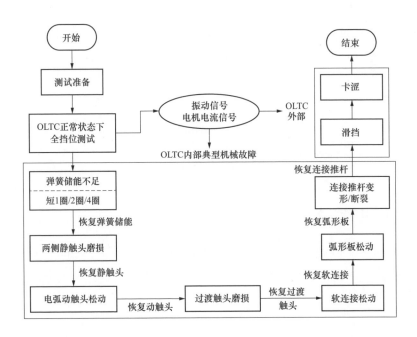

图 3-31　测试过程示意图

3.4 测 试 结 果

限于篇幅，以 OLTC 正常状态下 4-5 挡切换时测点 2 处的电动机驱动电流信号与振动信号为例进行说明，如图 3-32 所示。由图 3-32 可见并综合一个完整的 OLTC 切换过程中的电流波形与振动信号，可将 OLTC 切换过程划分为电动机启动阶段（Ⅰ）、传动轴转动及弹簧储能阶段（Ⅱ）、弹簧储能释放阶段及切换开关触头开断阶段（Ⅲ和Ⅳ），以及电动机停转阶段（Ⅴ）。显然，在分析 OLTC 不同典型机械故障下的振动信号与电流信号时，应结合不同故障机理选取对应的信号段进行分析，以提高分析结果的准确性。

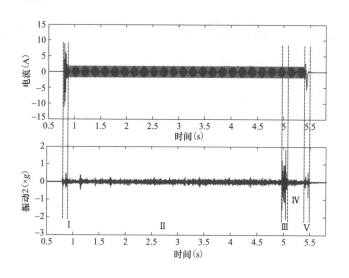

图 3-32   电流信号与振动信号

3.4.1   电流信号

限于篇幅，以 OLTC 正常状态下部分挡位切换时的电动机电流信号为例进行说明，如图 3-33 所示。由图 3-33 可见，除去 OLTC 电动机的启动阶段和停止阶段，电动机电流波形均为稳定的正弦波，且不同挡位切换时的电流波形均相似。

图 3-34 分别为 OLTC 正常与典型机械故障下奇侧-偶侧（3-4 挡）切换时的电动机电流波形，其中，滑挡为 3-5 挡。

图 3-35 分别为 OLTC 正常与典型机械故障下偶侧-奇侧（4-5 挡）切换时的电动机电流波形，其中，滑挡为 4-6 挡。

由图 3-34 和图 3-35 可见，相对于正常状态，OLTC 存在紧固件松动与弹簧储能不足故障时，电动机电流的波形无明显变化。但当 OLTC 存在卡涩和滑挡问题时，OLTC 电动机电流的持续时间较之正常工况有所增大，尤其是滑挡的情形最为明显。故可依据电动机电流的持续时间对滑挡问题进行识别，考虑到现场实际情况中，滑挡问题可能导致的切换过程的差异，故实际滑挡切换时间应小于正常工况切换时间的两倍而大于正常工况切换时间，通常认为当电动机电流持续时间大于正常工况的 k 倍时，可认为 OLTC 出现滑挡故障。

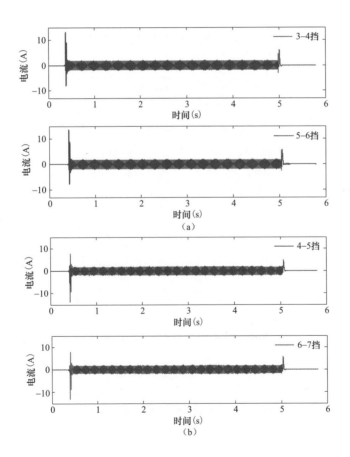

图 3-33 不同挡位切换时的电动机电流信号

（a）奇侧-偶侧；（b）偶侧-奇侧

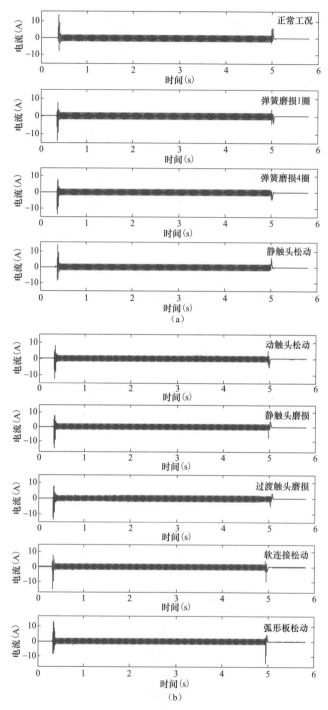

图 3-34　OLTC 正常与典型机械故障时的电动机电流（3-4 挡）（一）

（a）正常、弹簧储能不足、静触头松动；（b）动触头松动、静触头与过渡触头磨损、软连接与弧形板松动

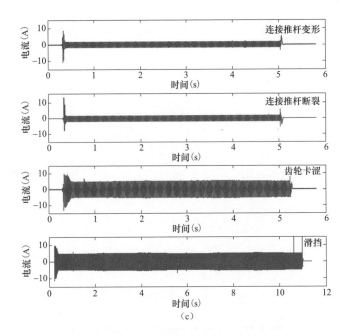

图 3-34　OLTC 正常与典型机械故障时的电动机电流（3-4 挡）（二）

（c）连接推杆变形/断裂、齿轮卡涩和滑挡

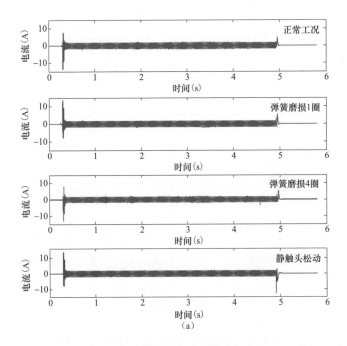

图 3-35　OLTC 正常与典型机械故障时的电动机电流（4-5 挡）（一）

（a）正常、弹簧储能不足、静触头与动触头松动

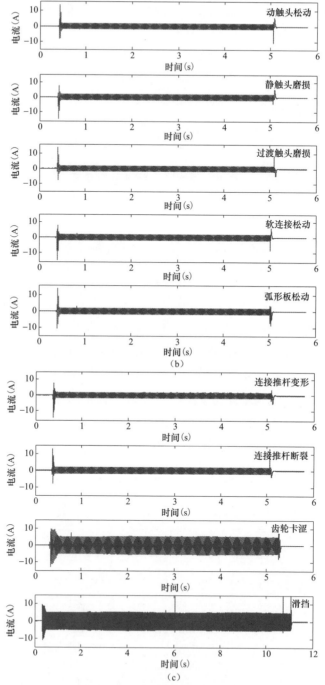

图 3-35　OLTC 正常与典型机械故障时的电动机电流（4-5 挡）（二）

（b）动触头松动、静触头与过渡触头磨损、软连接与弧形板松动；

（c）连接推杆变形/断裂、齿轮卡涩和滑挡

3.4.2　振动信号

限于篇幅，以 OLTC 切换时测点 2 处的振动信号为例进行说明。同时，对 OLTC 来说，因弹簧储能不足、动静触头松动、过渡触头磨损、软连接松动、弧形板松动等引起的开关内部故障难以检测，故本报告在此主要给出了 OLTC 切换开关动作时对应的振动信号。

不失一般性，仍以 OLTC 3-4 挡、4-5 挡切换时测点 1～8 处的振动信号为例进行说明。图 3-36、图 3-37 分别为 OLTC 正常状态下切换时的振动信号。由图 3-36、图 3-37 可见，OLTC 切换时的振动信号呈现强时变性和非平稳性，主要由多个幅值较高、能量较为集中的峰值组成，且不同测点处的振动信号存在一定差异。对比奇侧-偶侧与偶侧-奇侧振动信号可见，两者波形的差异主要表现为振动峰值集中程度上，体现了两者振动能量的集中程度不一，但该特征较难由时域振动信号直接进行量化区分。

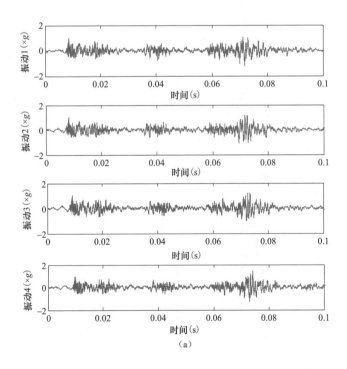

图 3-36　3-4 挡切换时的振动信号（一）

（a）测点 1～测点 4

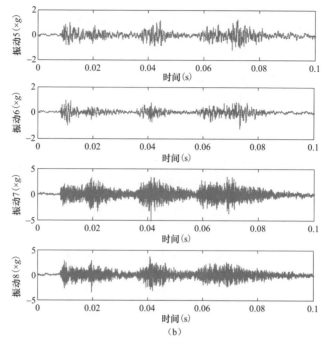

图 3-36　3-4 挡切换时的振动信号（二）

（b）测点 5～测点 8

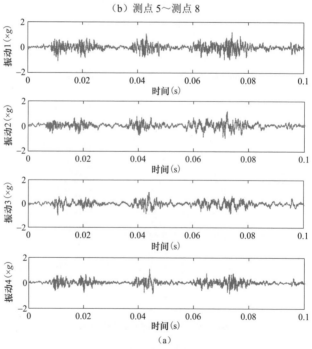

图 3-37　4-5 挡切换时的振动信号（一）

（a）测点 1～测点 4

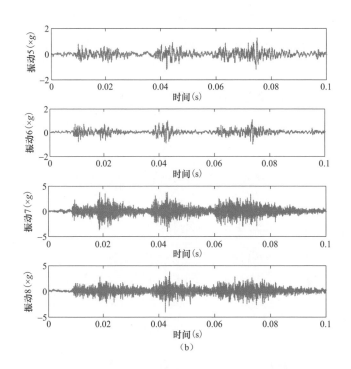

图 3-37　4-5 挡切换时的振动信号（二）

（b）测点 5～测点 8

　　图 3-38 和图 3-39 分别为 OLTC 在多种典型机械故障下测点 2 处 3-4 挡与 4-5 挡切换时的振动信号。由图 3-38 和图 3-39 可见，相比 OLTC 正常工况的情形，当 OLTC 的切换开关存在紧固件松动、弹簧动能不足的缺陷时，其切换时的振动信号在幅值、波形特征上均出现了一定的差异。而 OLTC 存在卡涩等外部传动机构的缺陷时，对 OLTC 切换时的振动信号影响有限，可结合传动轴转动时的振动信号进行分析识别。但是，虽然相比于正常工况，OLTC 存在紧固件松动、弹簧动能不足的缺陷时的振动信号差异尚难以直接从振动信号本身对 OLTC 机械故障进行检测判断，需要借助于合理的信号处理的方法进行分析。

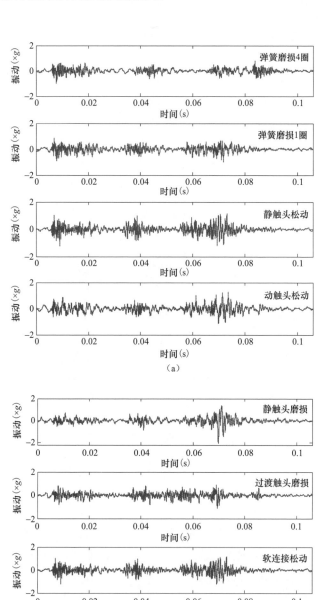

（a）

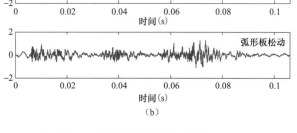

（b）

图 3-38　3-4 挡切换时的振动信号（一）

（a）弹簧磨损、静触头与动触头松动；（b）静触头与过渡触头磨损、软连接与弧形板松动

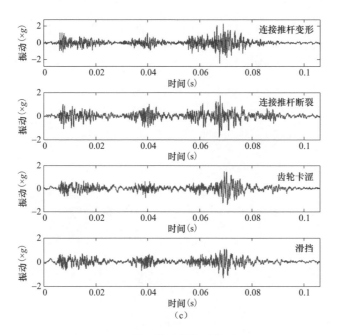

图 3-38　3-4 挡切换时的振动信号（二）

（c）连接推杆变形/断裂、齿轮卡涩和滑挡

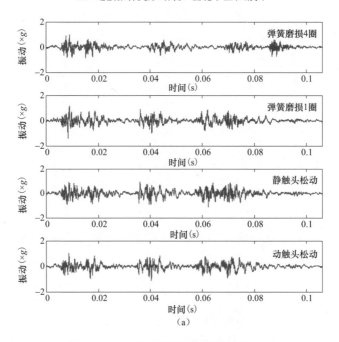

图 3-39　4-5 挡切换时的振动信号（一）

（a）弹簧磨损、静触头与动触头松动

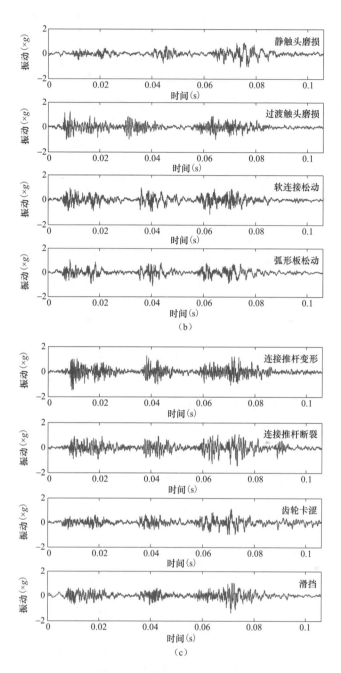

图 3-39 4-5 挡切换时的振动信号（二）

（b）静触头与过渡触头磨损、软连接与弧形板松动；

（c）连接推杆变形/断裂、齿轮卡涩和滑挡

3.5 本 章 小 结

通过构建 OLTC 缺陷故障的典型物理模型，对 OLTC 正常与典型故障下的电动机电流信号与振动信号进行了测试分析。结果表明：

（1）OLTC 内部机械结构较为复杂，切换时切换开关动静触头闭合等产生的振动信号会受到结构件及绝缘油等的影响，表现为不同位置传感器采集到的振动信号波形存在一定差异。

（2）OLTC 切换时的振动信号与其运行状态密切相关，当 OLTC 存在影响切换开关动作特性的内部机械故障如弹簧储能不足、触头松动及磨损、软连接松动、连接推杆变形/断裂等，其振动特性随之发生不同程度的改变。

（3）当 OLTC 发生滑挡或齿轮卡涩等传动机构故障时，驱动电动机电流的持续时间和幅值均会有所增加，而其余典型故障工况对切换过程中的电动机电流的影响不大。

（4）有载分接开关在动作时，动、定触头接触会产生脉冲冲击力，从而产生振动信号。振动信号通过定触头或变压器油，传给接线端子，再通过变压器油传给变压器油箱。因此可以通过监测分接开关接线端子、变压器或分接开关油箱表面的振动信号来检测分接开关触头动作状况。

（5）安装位置对声学指纹的影响较大，不同位置的声学指纹有较大差别，中、上两个安装位置由于较振动源较近，指纹振动幅值和短时能量曲线幅值明显高于下部安装位置，对于振动事件的区分度也明显优于下部。结合现场情况并考虑到带电测量的可能应用，宜采用中上部安装。为保证数据的可重复性和可比性，应保证每次测量采用相同的传感器安装位置。

（6）根据声学指纹图谱，不同耦合方式声学指纹的峰值基本一致，但短时能量曲线差异较大：

1）在声学指纹图谱峰值相近的情况下，由于磁吸传感器高频测量误差较大，其短时能量曲线幅值明显大于刚性连接和黏性连接。

2）磁吸传感器测量得到的短时能量曲线峰谷值相对差别明显小于刚性连接和黏性连接。

3）刚性连接和黏性连接对应的短时能量曲线对振动事件的区分度明显优于磁性连接，其中刚性连接又略优于黏性连接。

第 4 章　有载分接开关振动信号特征识别技术研究

本章主要研究 OLTC 切换时电动机电流信号与振动信号的特征量提取方法，分析 OLTC 电动机电流信号的包络特征，同时针对 OLTC 振动信号的非平稳性、强时变性与低频混沌动力学特征，分别从时域、时频域及高维相空间等角度开展研究。

4.1　有载分接开关电动机电流信号特征研究

由第 3 章的研究结果可知，OLTC 的电动机电流信号与其动作过程及传动机构的典型故障如卡涩、滑挡等密切相关，且对 OLTC 的多种机械故障类型，电动机电流信号与振动信号有着不同的特征表现。基于此，在此重点研究 OLTC 电动机电流信号的时域特征，分析其在 OLTC 正常与典型机械故障下的变化特征。

4.1.1　基于 Hilbert 包络的 OLTC 电动机电流信号分析

希尔伯特（Hilbert）包络是时域信号绝对值的包络，通过从信号中提取调制信号，分析调制信号的变化，对提取设备信号的故障特征具有很大的优越性。本报告在此选用 Hilbert 变换对 OLTC 电动机电流信号进行分析，其基本原理是让测试信号产生 1 个 90°的相移，从而与原信号构成一个解析信号，此解析信号即为包络信号。

设 $x(t)$ 为一个实时域信号，其 Hilbert 变换为

$$x_h(t) = H[x(t)] = \frac{1}{\pi}\int_{-\infty}^{\infty}\frac{x(\tau)}{t-\tau}\mathrm{d}\tau = x(t)\frac{1}{\pi t} \tag{4-1}$$

则原始信号 $x(t)$ 与其 Hilbert 变换信号 $x_h(t)$ 可构成一个新的解析信号 $x_a(t)$，为

$$x_{\mathrm{a}}(t) = x(t) + \mathrm{j}x_{\mathrm{h}}(t) \tag{4-2}$$

其幅值为

$$A(t) = \sqrt{x^2(t) + x_{\mathrm{h}}^2(t)} \tag{4-3}$$

即为原始信号 $x(t)$ 的幅值解调信号。

对经 Hilbert 变换得到的 OLTC 电动机电流信号包络，需采用长度一定的平滑窗对其进行平滑处理，得到电动机电流信号的时域包络，然后计算电流均方根值和持续时间对其进行量化描述。

4.1.2　结果分析

首先对 OLTC 切换时电动机电流信号的一致性进行分析。限于篇幅，以 OLTC 3-4 挡多次切换时对应的电流信号为例进行说明。图 4-1 所示为 OLTC 正常状态下 3-4 挡切换时电动机电流信号时域包络的计算结果，由图 4-1 可见，电流信号的时域包络较好地反映了 OLTC 切换时电动机启动、正常工作及停转的完整过程。

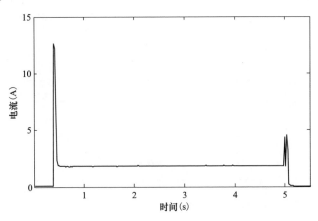

图 4-1　电动机电流信号时域包络

为说明其一致性，表 4-1 给出了 OLTC 正常状态下 3-4 挡 6 次切换时对应的电流均方根值和持续时间。由表 4-1 可见，OLTC 切换过程中的电动机电流信号具有良好的一致性。

表 4-1　3-4 挡 6 次切换时对应的电流信号时域包络的均方根值和持续时间

组数	1	2	3	4	5	6
均方根值（A）	1.2166	1.2161	1.2133	1.2258	1.2323	1.2076
持续时间（s）	4.596	4.593	4.648	4.626	4.634	4.593

图 4-2 所示为 OLTC 从 1 挡升至 7 挡时的电动机电流信号包络，表 4-2 所示为对应的电流均方根值和持续时间。显然，图表所示结果再次说明了 OLTC 切换时电动机电流信号的良好一致性。

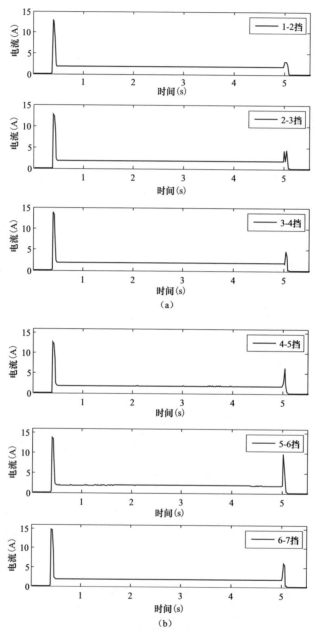

图 4-2　OLTC 1～7 挡切换时的电动机电流信号包络

（a）1-4 挡；（b）4-7 挡

表 4-2　1 挡升至 7 挡时对应的电流信号时域包络的均方根值和持续时间

挡位	1-2	2-3	3-4	4-5	5-6	6-7
均方根值（A）	1.2205	1.2147	1.2166	1.2318	1.2152	1.2443
持续时间（s）	4.636	4.591	4.596	4.630	4.627	4.605

图 4-3 和表 4-3 分别为 OLTC 3-4 挡切换时 12 种典型机械故障时的电动机电流信号包络及其均方根值和持续时间。由图表可见，OLTC 存在弹簧动能不足、静触头与动触头松动、静触头与过渡触头磨损、软连接与弧形板松动、连接推杆变形/断裂等内部机械缺陷时，电动机电流信号的均方根值及持续时间均相同。但存在卡涩和滑挡等外部传动机构的缺陷时，电动机电流会发生不同程度的变化。

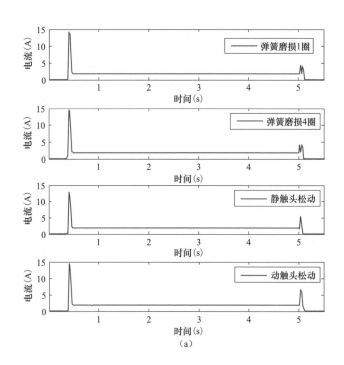

图 4-3　OLTC 3-4 挡切换时典型故障下的电动机电流信号包络（一）

（a）弹簧动能不足、静触头与动触头松动

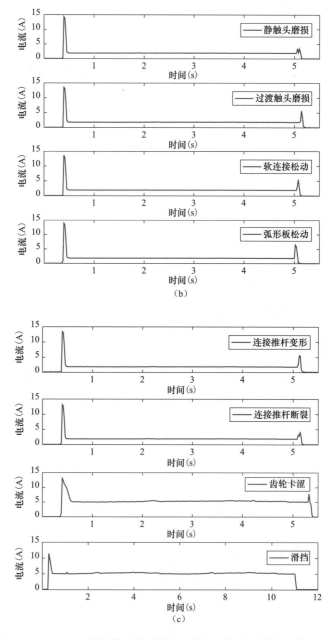

图 4-3　OLTC 3-4 挡切换时典型故障下的电动机电流信号包络（二）

（b）静触头与过渡触头磨损、软连接与弧形板松动；

（c）连接推杆变形/断裂、齿轮卡涩和滑挡

表 4-3　　　　　　　电流信号时域包络的均方根值和持续时间（3-4 挡）

OLTC 状态	弹簧动能不足		静触头松动	动触头松动	静触头磨损	动触头磨损
	1 圈	4 圈				
均方根值（A）	1.2313	1.2373	1.2491	1.2484	1.2804	1.2701
持续时间（s）	4.6369	4.6177	4.6278	4.6326	4.6444	4.7172
OLTC 状态	软连接松动	弧形板松动	连接推杆变形	连接推杆断裂	滑挡	卡涩
均方根值（A）	1.2681	1.2471	1.2812	1.2998	3.4503	3.4475
持续时间（s）	4.6253	4.6273	4.7179	4.7268	10.7135	4.9526

图 4-4 和表 4-4 分别为 OLTC 4-5 挡切换时多种典型机械故障时的电动机电流信号包络及其均方根值和持续时间。由图表可见，与 3-4 挡切换时的电动机电流变化规律类似，当 OLTC 存在弹簧动能不足、动静触头松动、静触头与过渡触头磨损、软连接与弧形板松动、连接推杆变形/断裂等内部缺陷时，电动机电流信号的均方根值及持续时间均相同。但存在卡涩和滑挡等外部传动机构等缺陷时，电动机电流会发生不同程度的变化。

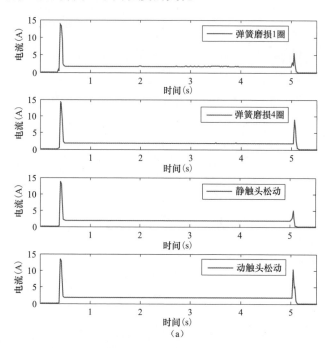

图 4-4　OLTC 4-5 挡切换时典型故障下的电动机电流信号包络（一）

（a）弹簧动能不足、静触头与动触头松动

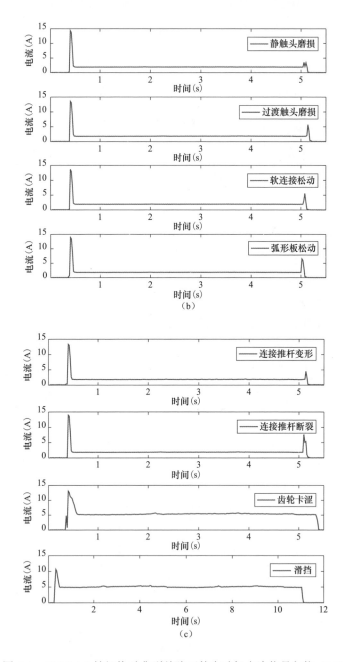

图 4-4　OLTC 4-5 挡切换时典型故障下的电动机电流信号包络（二）

（b）静触头与过渡触头磨损、软连接与弧形板松动；

（c）连接推杆变形/断裂、齿轮卡涩和滑挡

表 4-4　　　　　　　　　　电流信号时域包络的均方根值和持续时间（4-5 挡）

OLTC 状态	弹簧动能不足		静触头松动	动触头松动	静触头磨损	动触头磨损
	1 圈	4 圈				
均方根值/A	1.2245	1.2442	1.2683	1.2269	1.2938	1.2675
持续时间/s	4.6453	4.6463	4.6462	4.6380	4.6490	4.7308
OLTC 状态	软连接松动	弧形板松动	连接推杆变形	连接推杆断裂	滑挡	卡涩
均方根值/A	1.2944	1.2567	1.2696	1.3002	3.4001	3.3184
持续时间/s	4.6672	4.6090	4.7276	4.6876	10.5063	4.9453

4.2　基于网格分形及峭度的 OLTC 传动机构振动信号分析

由 OLTC 典型故障时的研究结果可知，当 OLTC 存在齿轮卡涩等传动机构故障时，OLTC 转动轴转动阶段的振动信号变化将更为明显。

为说明这一现象，以 OLTC 3-4 挡切换时测点 2 处的振动信号为例进行说明，如图 4-5 所示，图中同时给出了 OLTC 在正常状态与传动机构存在卡涩时的振动信号。由图可见，和 OLTC 正常状态下的振动信号相比较，当 OLTC 传动结构存在卡涩时，振动信号中有不同程度的毛刺或尖峰出现。

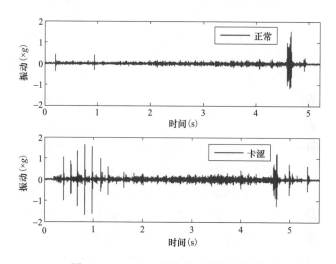

图 4-5　OLTC 3-4 挡切换时的振动信号

为定量描述这一特征，在此应用对冲击信号比较敏感的时域无量纲分析指标峭度进行描述。峭度作为振动信号的特征参数最早由 Dwyer 提出，反映的是振动信号分布特性的统计量，主要是用于检测非平稳信号中的瞬态信息，对信号中存在的微小冲击成分比较敏感，其计算公式为

$$D = \frac{1}{N}\sum_{i=1}^{N}\left[\frac{x(t) - \overline{x}(t)}{\sigma_i}\right]^4 \tag{4-4}$$

式中：D 为峭度；$x(t)$ 为待分析信号；N 为信号长度；$\overline{x}$ 为均值；σ_i 为方差。

为提高峭度指标的准确性及降低干扰对计算结果的影响，本报告引入网格分形综合电动机电流信号和 OLTC 转动轴振动信号特征确定计算区域，计算过程如图 4-6 所示。其中，分形是对没有特征长度但具有一定意义下的自相似图形和结构的总称，其研究对象为自然界和非线性系统中出现的复杂形体，其分形度量为分形维数。对于离散化的数字信号，可以将其视为数字化离散空间点集，当信号类型不同时，其分形维数一般不同，故分形维数能用于信号的识别与检测。具体应用于振动信号时，一般对波形区域进行网格化，通过波形所占网格数的情况区分信号状态。

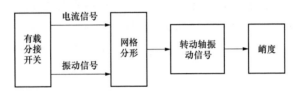

图 4-6 OLTC 传动轴振动信号的峭度计算

对于离散信号 X，$N(\delta)$ 表示在时间段 $[t_k - \Delta t, t_k]$ 内以 δ 为边长的正方形网格覆盖信号 X 所需的网格格数。在信号段 $[t_k - \Delta t, t_k]$ 内，若信号包含 $n+1$（n 为偶数）个采样点，令 $\delta = \Delta t / n$，有

$$N(\delta) = \frac{1}{\delta}\sum_{j=1}^{n}\left|x_j - x_{j+1}\right| \tag{4-5}$$

仍以 OLTC 模型正常状态下 3-4 挡切换时测点 2 处的振动信号为例进行说明，如图 4-7 所示，图中同时给出了 OLTC 切换时的电动机电流信号。

分别计算电动机电流信号与振动信号的网格分形维数，如图 4-8 所示。由图 4-8 可见，$N(\delta)$ 随着电动机电流信号包络的变化发生改变，可将 $N(\delta)$ 首次由非零值降为 0 的时刻确定为 OLTC 转动轴振动信号的起始时刻。网格数 $N(\delta)$ 的最大值（主脉冲）与触头动作所激发的振动信号时间相对应，故选取 $N(\delta)$ 主脉冲上升沿的起始点，即图 4-8 中虚线时刻为 OLTC 振动轴振动信号转动结束时刻。

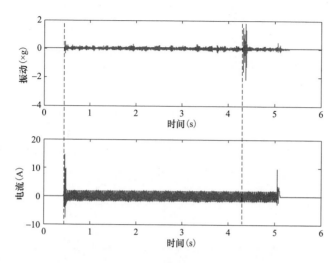

图 4-7　OLTC 切换时的振动信号与电流信号

为进一步说明网格分形对 OLTC 振动信号中所含噪声干扰的鲁棒性，在转动轴振动信号段人为地加入三个尖峰干扰，如图 4-9 中的 A、B、C 所示，计算了全信号段的网格分形维数。由图 4-9 可见，尖峰的存在会在 $N(\delta)$ 上形成相应脉冲，但这些脉冲与 OLTC 切换段振动信号所形成的脉冲相比幅值很小，说明了这一分析方法的有效性。

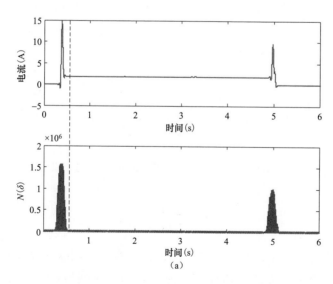

(a)

图 4-8　电动机电流信号与振动信号的网格分形维数（一）

（a）电动机电流信号

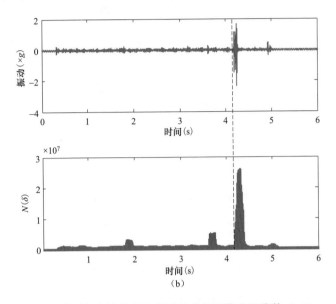

图 4-8　电动机电流信号与振动信号的网格分形维数（二）

（b）振动信号

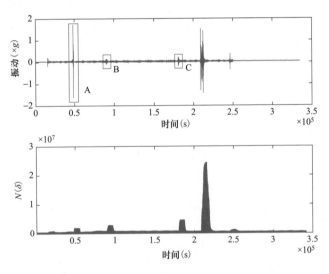

图 4-9　含尖峰干扰的振动信号网格分形维数

表 4-5 和表 4-6 为 OLTC 正常状态与部分典型故障下奇侧-偶侧与偶侧-奇侧部分挡位切换时转动轴振动信号的峭度计算结果。由表 4-5 和表 4-6 可见，当 OLTC 传动轴出现齿轮卡涩时，振动信号的峭度呈现明显增大趋势。故可认为，当 OLTC 转动轴振动信号峭度的增幅超过 10 倍时，可考虑 OLTC 的传动机构

出现了卡涩问题。对于 OLTC 的滑挡、弹簧动能不足、静触头松动、动触头松动等缺陷，振动信号的峭度与其正常工况基本上保持一致，这也与 OLTC 的动作过程吻合良好，说明了测试及计算结果的正确性。

表 4-5　　　　　　　　　OLTC 振动信号的峭度（奇侧-偶侧）

挡位	正常	卡涩	滑挡	弹簧动能不足		静触头	动触头
				短 1 圈	短 4 圈	松动	松动
1-2	5.32	102.76	5.05	5.31	4.92	5.50	4.79
3-4	4.49	116.19	5.04	5.35	4.73	5.32	4.96
5-6	4.66	112.68	5.34	5.17	5.01	5.32	5.09
7-8	5.08	105.94	5.06	5.09	4.89	5.46	4.85

表 4-6　　　　　　　　　OLTC 振动信号的峭度（偶侧-奇侧）

挡位	正常	卡涩	滑挡	弹簧动能不足		静触头	动触头
				短 1 圈	短 4 圈	松动	松动
2-3	5.29	107.77	5.09	5.22	4.52	5.52	5.11
4-5	4.68	95.46	4.86	5.18	4.77	5.15	4.86
6-7	4.92	108.31	5.22	5.36	4.58	5.37	4.97

显然，综合 OLTC 电动机电流信号与传动轴振动信号特征量，可较好地识别 OLTC 转动的卡涩故障。

4.3　有载分接开关振动信号预处理方法

OLTC 切换过程中的振动信号包含了丰富的设备状态信息，如何从振动信号中提取合理有效的特征量对实现 OLTC 高效准确的机械状态监测至关重要。然而受到 OLTC 机械结构如转动轴转动、切换过程中触头机械动作及环境干扰等因素的影响，OLTC 的振动信号更为复杂多变。另外，现有的振动信号时域滤波预处理方法大多都存在着时滞、非线性相移等缺陷，可能引起被处理信号的畸变；且干扰信号与监测信号重叠时，传统的数字滤波需要牺牲信号的幅值和相位信息，使得所提取的指标准确性不足。因此，在此提出基于形态学组合滤波的振动信号去噪方法，期望在对振动信号进行滤波的同时，能够较好保存 OLTC 振动信号的全局或局部主要特征。

4.3.1 基于形态学组合滤波的振动信号去噪方法

数学形态学中的广义形态学组合滤波器具有计算速度快、平移不变性、单调性等特点，同时能够较好地保留原始信号波形的幅值和相位信息，解决了传统滤波信息丢失的问题。在实际数字信号处理应用中，可通过选取合适的结构元素并在信号中移动从而收集待分析信号的信息并得到信号全局特征。尝试设计一种基于形态学的自适应组合滤波算法对 OLTC 振动进行降噪处理，具体表达式为

$$y(n) = \frac{1}{2}[(f \circ g1 \cdot g2)(n) + (f \cdot g1 \circ g2)(n)] \tag{4-6}$$

式中：f 为原始信号；$g1$、$g2$ 为结构元素；$\circ$ 为开运算；$\cdot$ 为闭运算。

开运算及闭运算表达式

$$\begin{cases} f \circ g = (f\Theta g) \oplus g \\ f \cdot g = (f \oplus g)\Theta g \end{cases} \tag{4-7}$$

膨胀运算表达式

$$(f \oplus g)(n) = \max\{f(n-m) + g(m)\} \tag{4-8}$$

腐蚀运算表达式

$$(f\Theta g)(n) = \min\{f(n+m) - g(m)\} \tag{4-9}$$

式中：$\oplus$ 表示膨胀运算；Θ 表示腐蚀运算。

此外，通过结构元素高度尺度 $H1$、$H2$ 和长度尺度 $L1$、$L2$ 可自适应求取结构元素 $g1$、$g2$，其中，高度尺度 $H1$、$H2$ 和长度尺度 $L1$、$L2$ 的具体计算步骤为：

（1）当有效段信号第一个极值为负峰值时，正负峰值间隔序列和幅值差序列为

$$\begin{cases} L(2i-1) = Lz(i) - Lf(i) & (i = 1, 2\cdots) \\ L(2i) = Lf(i+1) - Lz(i) & (i = 1, 2\cdots) \end{cases} \tag{4-10}$$

$$H(i) = \min\{abs[Pz(i) - Pf(i)], abs[Pz(i) - Pf(i+1)]\} \tag{4-11}$$

（2）当有效段信号第一个极值为正峰值时，正负峰值间隔序列和幅值差序列的定义为

$$\begin{cases} L(2i-1) = Lf(i) - Lz(i) & (i = 1, 2\cdots) \\ L(2i) = Lz(i+1) - Lf(i) & (i = 1, 2\cdots) \end{cases} \tag{4-12}$$

$$H(i) = \min\{abs[Pf(i) - Pz(i)], abs[Pf(i) - Pz(i+1)]\} \tag{4-13}$$

式中：Pz 和 Pf 分别为信号正、负峰值序列；Lz 和 Lf 分别为信号正、负峰值位置序列。

（3）根据步骤（1）～（2）求得的序列 $L(i)$、$H(i)$ 进一步求取长度尺度 $L1$、$L2$ 和高度尺度 $H1$、$H2$，计算公式为

$$\begin{cases} L1 = L\min = 2 \times \text{ceil}\{0.5\min[L(i)]\} + 1 \\ L2 = L\max = 2 \times \text{fix}\{0.5\max[L(i)]\} + 1 \\ H1 = H\min = 0.5 \times \min[H(i)] \quad (i=1,2\cdots) \\ H2 = H\max = 0.5 \times \max[H(i)] \quad (i=1,2\cdots) \end{cases} \tag{4-14}$$

式中：$L(i)$ 为峰值间隔序列；$H(i)$ 为峰值幅值差序列；fix 运算表示小数向上取整；ceil 运算表示小数向下取整。据此根据 H 和 L 求得的结构元素可利用式（4-6）对 OLTC 振动信号进行形态滤波处理。

4.3.2 结果分析

为定量描述所设计形态学滤波器的滤波性能，在此应用信噪比（Signal-Noise Ratio，SNR）和均方根误差（Root Mean Square Error，RMSE）来说明其滤波效果，计算公式分别为

$$RMSE = \sqrt{\frac{1}{N}\sum_{i=1}^{N}(x_i - x_i')^2} \tag{4-15}$$

$$SNR = 10\lg\left[\frac{\sum_{i=1}^{N} x_i'^2}{\sum_{i=1}^{N}(x_i - x_i')^2}\right] \tag{4-16}$$

式中：N 为信号长度；$x_i(i=1,2,\cdots,N)$ 为滤波信号；$x_i'(i=1,2,\cdots,N)$ 为原始信号。

RMSE 表示去噪后的信号与原信号的相似程度，SNR 为去噪后的信号与噪声的能量比值。显然，作为衡量滤波效果的重要指标，SNR 越大，RMSE 越小，则滤波性能越好。

同时，考虑到结构元素的不同和 g 原点位置的差异均会对滤波效果产生影响。为设计滤波效果最优的滤波器，此处分别以 OLTC 正常和弹簧储能不足（磨损 4 圈）两种状态下测点 2 处 1-2 挡切换过程中的振动信号为原始信号，计算不同类型结构元素且 g 原点不同位置情况下滤波信号的 SNR 和 RMSE，结果如表 4-7 和表 4-8 所示。

表4-7　　　　　测点 2 处 1-2 挡正常切换振动信号滤波效果对比

滤波指标	结构元素	g 原点在中心	g 原点在末点	g 原点在起始点
SNR	正弦形	19.8454	20.4666	20.4615
	扁平形	25.8246	26.0886	26.1194
	三角形	18.9695	19.6713	19.6738
RMSE	正弦形	0.01884	0.01883	0.01884
	扁平形	0.00996	0.00999	0.00996
	三角形	0.02061	0.02060	0.02060

表4-8　　　　测点 2 处 1-2 挡弹簧储能不足时振动信号滤波效果对比

滤波指标	结构元素	g 原点在中心	g 原点在末点	g 原点在起始点
SNR	正弦形	17.4354	18.5826	18.5776
	扁平形	21.8069	22.3752	22.3876
	三角形	18.1349	19.1799	19.1734
RMSE	正弦形	0.01441	0.01440	0.01441
	扁平形	0.00923	0.00922	0.00922
	三角形	0.01346	0.01345	0.01347

　　由表 4-7 和表 4-8 可见，同正弦形和三角形结构元素相比，采用扁平形结构元素滤波得到的信号 SNR 值偏大，RMSE 值偏小，表明滤波器较为稳定的滤波性能，且滤波信号存在的失真风险也较小。因此，选用扁平形且结构元素在起始点的结构元素设计自适应形态学组合滤波器。

　　图 4-10 为 OLTC 正常状态下 1-2 挡切换时测点 2 处振动信号的滤波结果。

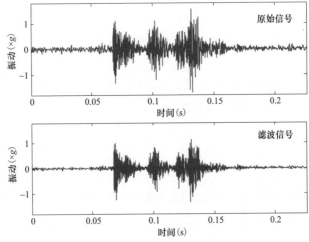

图 4-10　OLTC 正常状态下 1-2 挡测点 2 处振动信号及其滤波结果

计算时，结构元素 $g1$、$g2$ 的高度尺度 $H1$、$H2$ 分别为 3 和 37，长度尺度 $L1$、$L2$ 分别为 5.7827e-8 和 1.1851。此时，滤波后 OLTC 振动信号的 SNR 和 RMSE 分别为 26.1194 和 0.00922。而采用传统形态学组合滤波器对此组振动信号进行滤波后的 SNR 和 RMSE 分别为 16.1135 和 0.0271，说明了所设计的自适应形态组合滤波器的有效性，且滤波后的 OLTC 振动信号更加光滑，便于后续分析处理。

4.4　有载分接开关振动信号的时域特征研究

OLTC 切换过程中振动信号为复杂的峰值多分量图形，而 Morlet 小波与振动响应中的衰减成分十分相似，故采用具有对称非正交、指数衰减特性的 Morlet 小波对经形态滤波后的振动信号时域特征进行分析。

4.4.1　基于 Morlet 小波的振动信号包络提取

Morlet 小波的表达式为

$$\psi(t) = \frac{1}{\sqrt{\pi f_b}} e^{2\pi i f_c t/a} e^{-t^2/f_b \times a^2} \tag{4-17}$$

式中：f_c 为中心频率；f_b 为带宽参数；a 为变换尺度。

由式（4-17）可见，Morlet 小波中的 f_c 决定了振荡频率，f_b 决定了振荡衰减的速度，a 决定了小波基伸缩状态。

由式（4-17）可得，Morlet 小波变换结果为

$$W_s(t) = \frac{1}{\sqrt{a}} \int_{\infty}^{\infty} s(t)\psi(t)\mathrm{d}(t) = s_R + i s_I = s_R + iH(s_R) \tag{4-18}$$

式中：s_R 为小波变换的实部；s_I 为小波变换的虚部；$H(s_R)$ 为 s_R 的希尔伯特变换。

s_R 与 s_I 的相位相差 90°，满足包络检波中信号解调原理。因此，解调得到包络为

$$e = \left[s_R^2 + s_I^2 \right]^{1/2} \tag{4-19}$$

由于机械振动复杂多变，从振动曲线上直接获得的信息十分有限。而根据式（4-19）提取信号包络，能够有效地获取波形的触发脉冲信息。

4.4.2　振动信号时域特征提取

图 4-11 为对图 4-10 所示的滤波后的振动信号利用 Morlet 小波提取得到的

信号包络。图 4-11 中，纵坐标为归一化处理后的包络曲线，Morlet 小波中心频率设为 1，带宽参数设为 4，变换尺度设为 50。由图 4-11 可见，OLTC 切换过程中的振动信号主要包含 4 个主要波峰，分别对应了 OLTC 过渡触头导通、主通断触头导通、主触头导通等机械动作过程，持续时间约 70ms。从能量变化角度来看，OLTC 振动信号波形的实质是弹簧能量释放与衰减、动静触头依次闭合的过程。若选取 OLTC 振动信号的上述 4 个主要波峰作为信号特征参数，分别记为脉冲点 1～脉冲点 4，可将表征特征脉冲点间能量变化快慢的波峰间斜率作为振动信号的特征指标，即定义 K 为振动波形首次脉冲到达各脉冲点的能量变化速率，分别记为 K_1、K_2、K_3。显然，所定义的振动信号脉冲间能量变化指标同时包含了 OLTC 切换时振动信号脉冲幅值与持续时间的变化规律，与 OLTC 的切换特性较为一致。

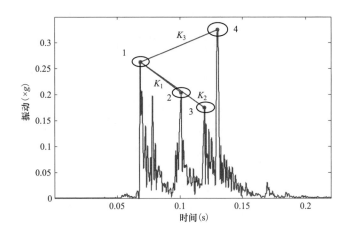

图 4-11   OLTC 正常状态下 1-2 挡测点 2 处振动信号包络

此外，由 OLTC 切换开关动作时动静触头的机械闭合过程可知，经常会存在触头撞击瞬间多次接触的情形，致使所产生的振动信号的触发脉冲为多脉冲区域和呈现随机性的特征。若随机选取其中单个脉冲峰值作为特征脉冲点进行分析，脉冲点的随机性特征会给指标 K 的计算结果带来一定误差。为此，综合振动信号的多脉冲区域信息，取该区域局部极值的均值作为特征脉冲点计算对应的 K 值，以提高计算结果的合理性与准确性。

4.4.3 结果分析

考虑到 OLTC 切换过程中各个触头的动作过程引发的振动信号不可避免地呈现随机性特征，而随机波形的波形分析与数据处理需采用概率和统计观点的方法来进行。其次，作为 OLTC 振动的主要来源，切换开关触头的动作具有一定的规律性，通过分析切换开关的结构可以发现，正常状态下，开关同侧挡位切换过程中触头动作的顺序、撞击强度、间隔均高度吻合，即同侧挡位切换过程产生的振动信号脉冲幅值和间隔具有相似性，这一规律可通过 K 值的集中趋势来表现。结合这一规律，从 OLTC 全挡位切换振动信号的脉冲分布特征指标 K_1、K_2、K_3 的统计中获取 K 的集中程度并分析 OLTC 当前运行状态。

（1）OLTC 顶部振动信号分析。以 OLTC 正常及储能弹簧动能不足（磨损 4 圈）两种状态下测点 2 处 1-15 挡升序切换时的振动信号为例进行对比分析，计算结果分别如图 4-12～图 4-14 所示。

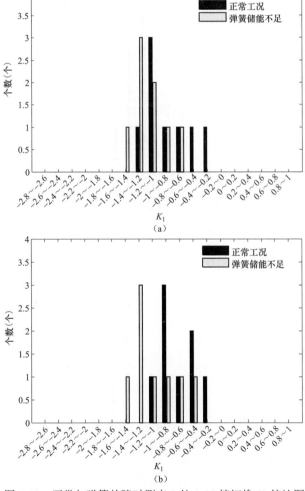

图 4-12　正常与弹簧故障时测点 2 处 1-15 挡切换 K_1 统计图

（a）奇侧-偶侧挡位切换；（b）偶侧-奇侧挡位切换

由图4-12可见，OLTC正常状态下奇侧-偶侧挡位升序切换过程中，K_1大部分集中在–1.2～–1之间，具有一定的分散性。偶侧-奇侧挡位升序切换过程中，K_1大部分集中在–1.0～–0.4之间，具有一定的分散性。OLTC出现弹簧储能不足故障时，奇侧-偶侧挡位升序切换过程中K_1呈现降低趋势，大部分集中在–1.4～–1.2之间，分散性更为明显。偶侧-奇侧挡位升序切换过程中K_1呈现降低趋势，大部分集中在–1.4～–1.2之间，分散性更为明显。这一分布特性说明OLTC奇侧-偶侧挡位切换与偶侧-奇侧挡位切换时的振动特性有所不同，出现弹簧储能不足故障时，K_1随之发生变化，与OLTC的机械结果及切换特性吻合较好，说明了计算结果的合理性。

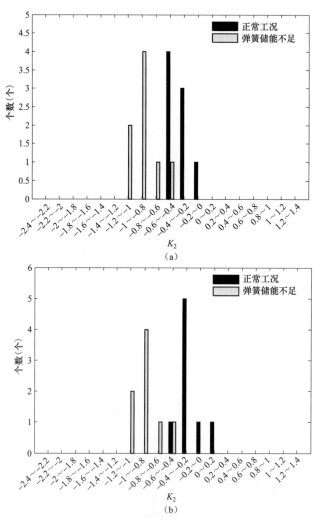

图4-13 正常与弹簧故障时测点2处1-15挡切换K_2统计图

（a）奇侧-偶侧挡位切换；（b）偶侧-奇侧挡位切换

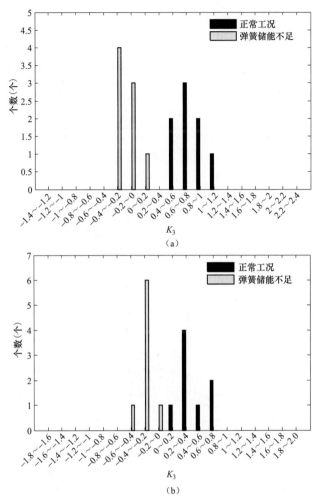

图 4-14　正常与弹簧故障时测点 2 处 1-15 挡切换 K_3 统计图

（a）奇侧-偶侧挡位切换；（b）偶侧-奇侧挡位切换

由图 4-13 可见，OLTC 正常状态下奇侧-偶侧挡位升序切换过程，K_2 集中分布在 $-1\sim-0.2$ 之间，OLTC 正常状态下偶侧-奇侧挡位升序切换过程，K_2 集中分布在 $-0.4\sim0.2$ 之间，与 OLTC 奇侧-偶侧挡位切换与偶侧-奇侧挡位切换时的振动特性不同这一结论吻合较好。出现弹簧储能不足故障时，K_2 均呈现降低趋势，主要分布在 $-1\sim-0.8$ 之间。

由图 4-14 可见，OLTC 正常状态下奇侧-偶侧挡位升序切换过程中，K_3 集中分布在 $0.4\sim1$ 之间。OLTC 正常状态下偶侧-奇侧挡位升序切换过程中，K_3 集中分布在 $0.2\sim0.8$ 之间，与 OLTC 奇侧-偶侧挡位切换与偶侧-奇侧挡位切换时的振动特性不同这一结论吻合较好。出现弹簧储能不足故障时，K_3 均呈现下降趋势，集中分布在–0.4～0 和–0.4～–0.2 之间。

显然，所定义的特征指标 K 能较为全面地描述 OLTC 振动信号的时域特性，且与 OLTC 的机械结构与切换特性吻合较好。当 OLTC 的机械状态发生变化时，K 亦随之改变。

（2）箱壁振动信号分析。以 OLTC 正常及储能弹簧动能不足（磨损 4 圈）两种状态下测点 7 处的 1-15 挡正序切换振动信号为例进行对比分析，分别如图 4-15～图 4-17 所示。由图 4-15 可见，OLTC 正常状态下奇侧-偶侧挡位升序切换过程中，K_1 集中分布在–0.4～0.2 之间，呈现一定的分散性。OLTC 正常状态下偶侧-奇侧挡位升序切换过程中，K_1 集中分布在–1.8～–1.2 之间，分

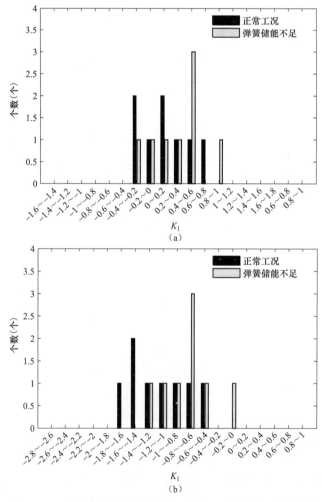

图 4-15　正常与弹簧故障时测点 7 处 1-15 挡切换 K_1 统计图

（a）奇侧-偶侧挡位切换；（b）偶侧-奇侧挡位切换

散性较大。出现弹簧储能不足故障时，K_1 在奇侧-偶侧挡位和偶侧-奇侧挡位切换时均呈现增大趋势，其中，奇侧-偶侧挡位切换时集中分布在 0.4～0.6 之间，偶侧-奇侧挡位切换时集中分布在–0.8～–0.6 之间。

由图 4-16 可见，OLTC 正常状态下奇侧-偶侧挡位升序切换过程中，K_1 集中分布在–0.6～–0.4 之间，呈现一定的分散性。OLTC 正常状态下偶侧-奇侧挡位升序切换过程，K_1 集中分布在–1.2～–0.6 之间，分散性较大。出现弹簧储能不足故障时，K_1 在奇侧-偶侧挡位和偶侧-奇侧挡位切换时均呈现增大趋势，其中，奇侧-偶侧挡位切换时集中分布在–0.4～0.2 之间，偶侧-奇侧挡位切换时集中分布在–1～–0.6 之间。

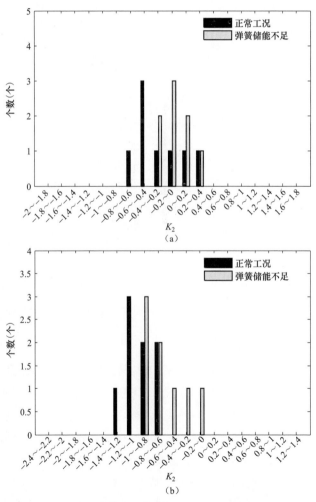

图 4-16　正常与弹簧故障时测点 7 处 1-15 挡切换 K_2 统计图

（a）奇侧-偶侧挡位切换；（b）偶侧-奇侧挡位切换

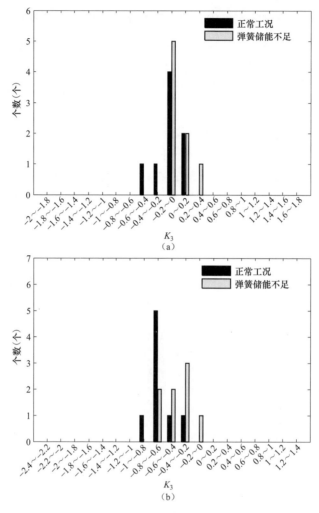

图 4-17　正常与弹簧故障时测点 7 处 1-15 挡切换 K_3 统计图

（a）奇侧-偶侧挡位切换；（b）偶侧-奇侧挡位切换

由图 4-17 可见，OLTC 正常状态下奇侧-偶侧挡位升序切换过程中，K_1 集中分布在 -0.2～0 之间，呈现一定的分散性。OLTC 正常状态下偶侧-奇侧挡位升序切换过程中，K_1 集中分布在 -0.8～-0.6 之间，分散性较大。出现弹簧储能不足故障时，K_1 在奇侧-偶侧、偶侧-奇侧挡位切换时均呈现增大趋势，其中，奇侧-偶侧挡位切换时集中在 -0.2～0，偶侧-奇侧挡位切换时集中在 -0.6～0.2。

综上可得，所定义的指标 K 较好地描述了 OLTC 切换过程中振动信号所含脉冲信号的变化特征，其变化趋势与 OLTC 机械结构及切换特性吻合较好，说明了所定义的特征指标的合理性与有效性。当 OLTC 出现弹簧储能不足故障时，测点 2 处振动信号呈现整体下降趋势，测点 7 处振动信号呈现上升趋势，说明 OLTC 振动信号各脉冲点间能量传递速率的变化在不同测点处的变化规律不同，一定程度上体现了振动信号传播介质对其传播特性的影响。

此外，为进一步挖掘 OLTC 正常同各类故障工况下的振动特性差异，在此引入了运行状态系数 E_{co} 来评估当前典型故障下 OLTC 的运行状况。当 E_{co} 越接近 10 （$E_{co} \leqslant 10$），则表明对应 K 值分布范围越接近正常值，即故障程度越小，具体定义为

$$E_{co} = \sum_{i=1}^{n} \sum_{j=1}^{3} (10 - R_{ij} - \theta_{ij}) / 3n \qquad (4\text{-}20)$$

$$\begin{cases} R_{ij} = \Theta(\beta - k_{ij}) \times (\beta - k_{ij}) \\ \theta_{ij} = \Theta(k_{ij} - \alpha) \times (k_{ij} - \alpha) \end{cases} \qquad (4\text{-}21)$$

式中：R_{ij}、θ_{ij} 为指标越限量；Θ 是 Heaviside 函数，若 $x \geqslant 0$，则 $\Theta(x) = 1$，若 $x < 0$，则 $\Theta(x) = 0$；i、j 分别为测试挡位数和振动信号指标 K 的标号（j=1、2、3）；即 K_{ij} 为对应第 i 次试验挡位振动信号所对应的特征指标 K_j（j=1、2、3）的大小；β、α 分别是对应特征指标异常值的上下界，可通过下式求得

$$\begin{cases} \beta = Q' + (Q' - Q) \times 1.5 \\ \alpha = Q - (Q' - Q) \times 1.5 \end{cases} \qquad (4\text{-}22)$$

式中：Q' 和 Q 分别为多次正常工况第 i 个振动信号对应指标 K_j（j=1，2，3）的上四分位数和下四分位数。

表 4-9 为 OLTC 正常与典型故障下振动信号的运行状态系数 E_{co}。由表 4-9 可见，OLTC 正常状态下振动信号的 E_{co} 约为 9.4，表明 OLTC 切换时振动信号良好的一致性。而由于 OLTC 正常与故障时特征指标 K 的集中分布趋势不同，典型故障时振动信号的运行状态系数 E_{co} 均明显小于正常的情形。可见，上述方法能够准确反映 OLTC 正常工况与故障工况间的振动特性差异，可初步诊断 OLTC 的运行状态正常与否。但同时也发现，OLTC 不同状态的运行状态系数差异较小，说明基于 OLTC 时域包络的振动特征分析方法识别效果有限。

表 4-9　不同工况下测点 2 与测点 7 处 OLTC 振动信号状态系数 E_{co} 对比

工况	测点 2	测点 7
正常	≥9.39	≥9.46
弹簧磨损 1 圈	8.84	9.11
弹簧磨损 4 圈	8.07	8.96
静触头松动	7.19	9.03

工况	测点 2	测点 7
静触头磨损	8.57	8.63
动触头松动	8.92	8.68
过渡触头磨损	8.1	9
软连接松动	8.97	8.88
弧形板松动	8.94	8.91
连接推杆变形	7.91	9.19
连接推杆断裂	8.47	9.17

4.5 基于品质因子可调小波变换的 OLTC 振动信号特征研究

小波变换因具有良好的多分辨特性并拥有丰富的基函数，使其在非平稳信号处理、动态信号降噪等方面展现出了明显优势。但传统小波基函数的品质因数 Q（中心频率和带宽的比值）是固定的，难以根据待分析信号的振荡特征进行灵活地匹配，降低了信号分析结果的准确性。基于此，纽约大学的 Selesnick 教授于 2011 年提出了一种可在频域构造新的过完备小波变换方法，即品质因数可调小波分解（Tunable Quality Factor Wavelet Transform，TQWT）。该小波可灵活调节小波基函数的 Q，使小波的振荡特性与特征波形的振荡特性相匹配，其本质是一种基于待分析信号的 Q 设计不同分解的高通低通滤波器的离散小波变换方法。其中，Q 是评价信号的频率聚集度的技术指标，定义了信号的能量聚集特性，表示能量在时频域上的逸散速度。

4.5.1 基于 TQWT 的 OLTC 振动信号分解

记 OLTC 的振动信号为 $x(t)$，应用 TQWT 的多层变尺度小波滤波器组对 $x(t)$ 进行分解并获得子带信号矩阵 w，具体过程：

（1）参数确定。由信号 $x(t)$ 振动特性确定 TQWT 品质因数 Q 和小波变换的过采样冗余因子 r，结合振动信号长度 N 计算变尺度小波滤波器组的尺度因子 α 与 β 以及该多层滤波器组的最大分解层数 J_{max} 为

$$\beta = 2/(Q+1) \tag{4-23}$$

$$\alpha = 1 - \frac{\beta}{r} \tag{4-24}$$

$$J_{max} = \frac{\lg(\beta N / 8)}{\lg(1 / \alpha)} \qquad (4\text{-}25)$$

为使 TQWT 严格过采样，其中 α 与 β 应满足 $\alpha + \beta > 1$ 的条件。

（2）滤波器设计。使用求取的尺度因子结合具有两阶消失矩的 Daubechies 频响函数 $\theta(\omega)$ 分别设计每层变尺度小波滤波器组中低通滤波器的频响 $H_0^{(j)}(\omega)$ 与高通滤波器的频响 $H_1^{(j)}(\omega)$，为

$$H_0^{(j)}(\omega) = \begin{cases} 1, & 0 \leqslant |\omega| \leqslant (1-\beta)\alpha^{j-1}\pi \\ \prod_{m=0}^{j-1} \theta\left[\dfrac{\omega / \alpha^m + (\beta-1)\pi}{\alpha + \beta - 1}\right], & (1-\beta)\alpha^{j-1}\pi < |\omega| < \alpha^j\pi \\ 0, & \alpha^j\pi \leqslant |\omega| \leqslant \pi \end{cases} \qquad (4\text{-}26)$$

$$H_1^{(j)}(\omega) = \begin{cases} 0, & 0 \leqslant |\omega| \leqslant (1-\beta)\alpha^j\pi \\ \theta\left(\dfrac{\alpha\pi - \omega / \alpha^{j-1}}{\alpha + \beta - 1}\right)H_0^{j-2}(\omega), & (1-\beta)\alpha^{j-1}\pi < |\omega| < \alpha^j\pi \\ 1, & \alpha^j\pi \leqslant |\omega| \leqslant \pi \end{cases} \qquad (4\text{-}27)$$

式中：ω 为信号的归一化角频率，$\omega = 2\pi f / f_s$，f 为信号频率，f_s 为采样频率。

（3）分解信号获得子带信号矩阵。使用傅里叶变换获取振动信号频谱 $X(\omega)$ 作为多层变尺度小波滤波器组的输入信号，第 j 层滤波器组将输入信号分解成该层对应的高品质因子分量 $w^{(j)}(\omega)$ 与低品质因子分量 $v^{(j)}(\omega)$，其中，低品质因子分量将作为下层滤波器的输入量。而对每层分解出的高品质分量 $w^{(j)}(\omega)$ 进行傅里叶反变换获得其对应的时域分量 $w^{(j)}(t)$ 作为 TQWT 的第 j 层小波分解系数。将 1 至 $(J-1)$ 层对应的小波分解系数存入分解系数矩阵的相应行，将第 J 层分解获取的高低品质因子分量均进行反变换分别存入矩阵的第 J 行与 $(J+1)$ 行，至此获得 $(J+1)$ 层分解系数矩阵 W，具体过程如图 4-18 所示。

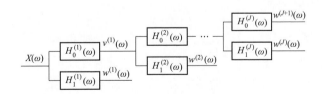

图 4-18　使用变尺度滤波器组分解信号

（4）计算子序列能量作为特征量。由于使用 TQWT 分解时，变尺度滤波器能够依据其振荡能量聚集特性，将信号中不同分量分解到各子序列，故获取的

每层子序列振荡能量特性均与该层变尺度滤波器相对应，能够精细化表征原信号的振动能量特性，故可对 J 层子序列的能量 $\{E_1, E_2, \cdots, E_J\}$ 进行统计，作为原振动信号的时频域特征量序列。其中，第 j 层子序列的能量计算公式为

$$E_J = \sum_t [w^{(J)}(t)]^2 \tag{4-28}$$

为定量描述式（4-28）所示的 OLTC 振动信号的各个子序列能量分布，引入灰色关联度系数对 OLTC 振动信号子序列的能量分布进行度量。其中，灰色关联度主要考虑了两组数据序列中对应点的欧氏几何距离对关联度的影响，两组数据的几何形状越接近，关联度越高，尤其对小样本无规律指标的评价问题具有较高的准确性。

若记 $X_0 = \{x_0(1), x_0(2), \cdots, x_0(J)\}$ 为 OLTC 振动信号子序列能量分布基准序列，待对比序列为 $X_i = \{x_i(1), x_i(2), \cdots, x_i(J)\}$，则灰色关联度可表示为

$$\gamma(X_0, X_i) = \frac{1}{J} \sum_{k=1}^{J} \xi_i(k) \tag{4-29}$$

式中：γ 为关联度；$i = 1, 2, \cdots, M$ 为待判定的序列数；$\xi_i(k)$ 为点 k 处的关联系数，为

$$\xi_i(k) = \frac{\min\limits_i \min\limits_k |x_0(k) - x_i(k)| + \rho \max\limits_i \max\limits_k |x_0(k) - x_i(k)|}{|x_0(k) - x_i(k)| + \rho \max\limits_i \max\limits_k |x_0(k) - x_i(k)|} \tag{4-30}$$

式中：ρ 为分辨系数，一般取 $\rho \in (0,1]$。

ρ 决定了两组数据序列中最远点对关联度的影响。若 ρ 取值较大，则数据序列中的奇异点可能会使关联度发生显著变化，而过小的取值则难以区别数据序列的特征差异。为有效降低关联度误差，可取 $\rho = 0.5$。显然，当待判断序列与基准参考序列的灰色关联度越大，说明其与基准信号特征量分布越接近。

4.5.2 结果分析

（1）顶部振动信号。以 OLTC 正常状态下 3-4 挡和 4-5 挡切换时测点 2 处的振动信号为例进行说明。图 4-19 和图 4-20 分别为对应的 TQWT 分解结果。计算时，取 $Q = 3.2$，$r = 3$，分解层数为 28。由图 4-19 和图 4-20 可见，TWQT 算法可将 OLTC 振动信号中具有不同振荡特性的分量分解到各个子序列中，实现了振动信号的精细化分解。随着子序列层数增加，各层子序列信号趋于平缓，振动信号中不同的波峰冲击分量在各子序列中的能量分量也表现出了一定的差异。

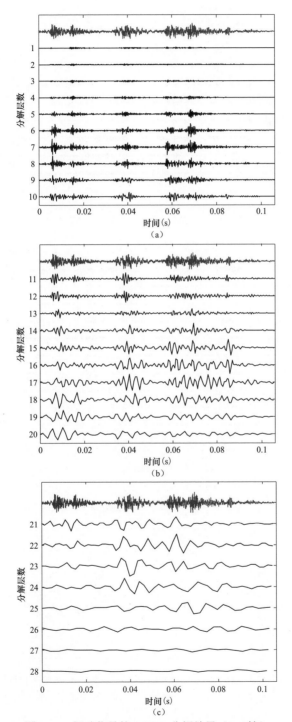

图 4-19　振动信号的 TQWT 分解结果（3-4 挡）

（a）1～10 层子序列；（b）11～20 层子序列；（c）21～28 层子序列

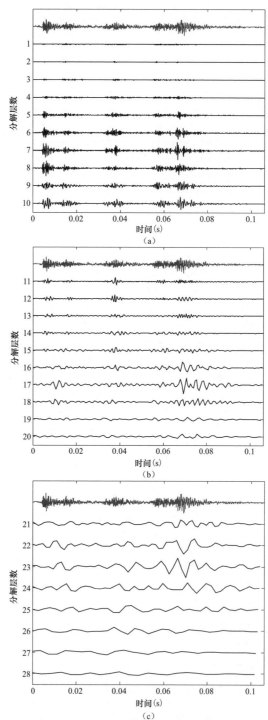

图 4-20 振动信号的 TQWT 分解结果（4-5 挡）
（a）1～10 层子序列；（b）11～20 层子序列 9；（c）21～28 层子序列

为进一步说明 OLTC 切换时振动信号的能量特性，图 4-21 所示为 OLTC 奇侧-偶侧切换时部分挡位（1-2 挡、3-4 挡和 5-6 挡）、偶侧-奇侧切换时部分挡位（2-3 挡、4-5 挡和 6-7 挡）测点 2 处振动信号的子序列能量。由图 4-21 可见，测点 2 处奇侧-偶侧切换时与偶侧-奇侧切换时的振动信号子序列能量分布差异较大，其中，奇侧-偶侧切换时振动信号子序列能量主要聚集于 16~18 层子序列，且幅值为其他子序列层能量幅值的 2 倍以上。而偶侧-奇侧切换时振动信号子序列能量分布较为平均，能量较为集中的子序列为 5~8 层子序列与 14~17 层子序列，且子序列能量幅值均较小。

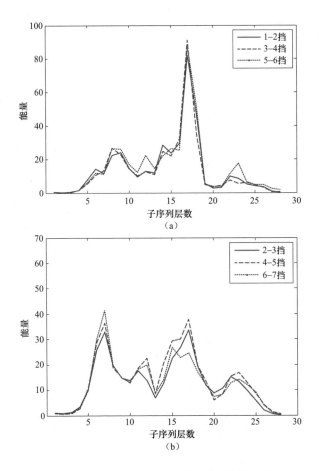

图 4-21　OLTC 切换时振动信号的子序列能量（测点 2）

（a）奇侧-偶侧；（b）偶侧-奇侧

表 4-10 所示为 OLTC 正常状态下测点 2 部分挡位切换时的振动信号灰

色关联度计算结果。由表 4-10 可见，同方向不同挡位切换时的振动信号子序列能量间的灰色关联度均在 0.9 之上。显然，OLTC 正常工况下同方向不同挡位切换振动信号的能量特性具有较高的一致性，而不同方向振动信号之间灰色关联度均在 0.62～0.78 之间，表明其相似程度较低。这一结论同样表现了 OLTC 切换开关奇侧、偶侧挡位交替的动作程序和切换开关触头良好的动作重复性，与其结构特性及切换机理吻合良好，再次说明了测试结果的有效性。

表 4-10　　　　　　　测点 2 处 OLTC 振动信号的灰色关联度

挡位	1-2	2-3	3-4	4-5	5-6	6-7
1-2	1	0.597	0.941	0.633	0.926	0.683
2-3	0.597	1	0.621	0.951	0.716	0.942
3-4	0.941	0.621	1	0.685	0.937	0.774
4-5	0.633	0.951	0.685	1	0.725	0.941
5-6	0.926	0.716	0.937	0.725	1	0.683
6-7	0.683	0.942	0.774	0.941	0.683	1

（2）侧壁处的 OLTC 振动信号。以 OLTC 切换时变压器侧壁测点 7 处的振动信号为例进行分析。图 4-22 所示为 OLTC 切换时奇侧-偶侧切换时部分挡位（1-2 挡、3-4 挡和 5-6 挡）、偶侧-奇侧切换时部分挡位（2-3 挡、4-5 挡和 6-7 挡）测点 7 处振动信号的子序列能量。由图 4-22 可见，测点 7 处，奇侧-偶侧挡位与偶侧-奇侧挡位切换时的振动信号能量特征量也呈现了较大差异。奇侧-偶侧切换时，振动信号子序列能量主要聚集于 17～19 层，且幅值较大；而偶侧-奇侧挡位切换时振动信号子序列能量分布较为平均且能量幅值较小。与测点 2 处的振动信号相比，测点 7 处奇侧挡位切换时振动信号子序列能量幅值略有上升，而偶侧切换时能量幅值变化较小。此外，OLTC 同方向切换时振动信号的一致性较好。

表 4-11 为 OLTC 正常状态下测点 7 部分挡位切换时的振动信号灰色关联度计算结果。由表 4-11 可见，测点 7 处同方向不同挡位信号能量特征量序列间的灰色关联度相比测点 2 略有减小，但同样保持在 0.9 以上，而不同方向切换挡位信号能量特征量之间灰色关联度在 0.65～0.81 之间。显然，不同测点处 OLTC 振动信号能量分布特征有所不同，但依然满足 OLTC 正常工况下同挡位切换振动信号具有能量特性一致性的规律。

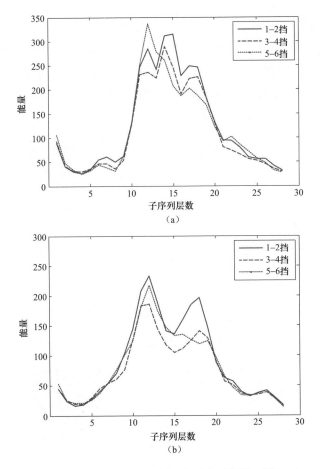

图 4-22　OLTC 切换时振动信号的子序列能量（测点 7）

（a）奇侧-偶侧；（b）偶侧-奇侧

表 4-11　　　　　　　　　　**测点 7 处 OLTC 振动信号的灰色关联度**

挡位	1-2	2-3	3-4	4-5	5-6	6-7
1-2	1	0.698	0.962	0.711	0.905	0.724
2-3	0.698	1	0.658	0.924	0.705	0.932
3-4	0.962	0.658	1	0.791	0.946	0.803
4-5	0.711	0.924	0.791	1	0.714	0.931
5-6	0.905	0.705	0.946	0.714	1	0.703
6-7	0.724	0.932	0.803	0.931	0.703	1

（3）OLTC 典型故障下的振动信号结果分析。限于篇幅，以 OLTC 内部典型机械故障（弹簧储能不足、静触头松动和动触头松动）时 3-4 挡和 4-5 挡切

换时测点 2 处振动信号的子序列能量为例进行分析，如图 4-23 所示。由图 4-23 可见，OLTC 切换时振动信号的子序列能量随着 OLTC 切换状态的变化发生了不同程度的变化。同时，OLTC 3-4 挡切换与 4-5 挡切换时的振动信号子序列能量分布有着较大的差异。为准确识别 OLTC 的典型机械故障，可借助于模式识别方法进行 OLTC 的典型机械故障类型识别研究。

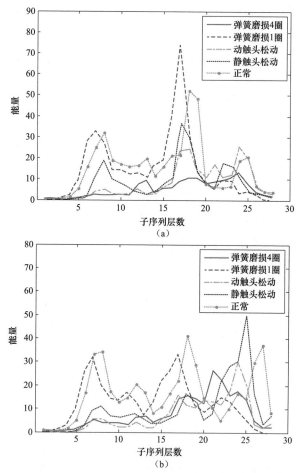

图 4-23 OLTC 典型故障时的振动信号子序列能量

（a）3-4 挡；（b）4-5 挡

4.6 基于相轨迹轮廓的 OLTC 振动信号相空间特征提取

已有研究表明，OLTC 切换时的振动信号呈现混沌特性，即由于系统的非线性，满足一定条件的机械振动系统，受规则激励后会产生貌似无规则永不重复的振动响应——混沌运动。故可从混沌动力学多角度去描述 OLTC 的机械振动模式，为其故障诊断提供更为丰富的特征量。但 OLTC 机械结构及切换过程均较为复杂，借助于数学方法描述 OLTC 的振动过程比较困难。相空间重构是分析和研究非线性动力系统的基础，由 Packard 和 Takens 等人首先提出。该理论认为信号的状态向量中任一分量的演化是由与之相互作用的其他分量决定的，相关分量的信息隐含在任一分量的发展过程中，故可从信号的时间序列数据（视作信号的一个时域分量）中提取和恢复出信号的所有状态信息。Packard 建议用延迟坐标处理时域信号以重构相空间，Takens 则证明了在数据无穷多且不受噪声污染的理想情况下，如果嵌入维数 m 满足 $m \geqslant 2d+1$（其中，d 为动力系统的维数），则重构的相空间能够保持原非线性信号的几何不变性，即在重构的高维相空间的信号与原信号保持微分同胚，为非线性时间序列分析奠定了坚实的理论基础。

假设监测某系统得到的一维振动信号 $x(i)$ 的时间序列为

$$x(i) = x(t_i), \quad t_i = t_0 + i\Delta t \quad i = 1, 2, \cdots, N \tag{4-31}$$

式中：t_0 为监测信号起始点；Δt 为时间间隔；N 为时间序列的长度。根据该序列，可重构一个 m 维的 k 个向量，为

$$\begin{cases} X(1) = \left\{ x(1), x(1+t), \cdots, x[1+(m-1)t] \right\} \\ X(2) = \left\{ x(2), x(2+t), \cdots, x[2+(m-1)t] \right\} \\ \vdots \\ X(k) = \left\{ x(k), x(k+t), \cdots, x[k+(m-1)t] \right\} \end{cases} \tag{4-32}$$

式中：$k = N - (m-1)\tau$，τ 为延迟时间。

这 k 个向量形成了一个重构信号的相空间。根据 Takens 定理，对于理想的无限长和无噪声的一维时间序列，嵌入维数 m 和延迟时间 τ 可以取多个值，但实际的时间序列通常长度有限且存在噪声，因此需要计算合适的 m 和 τ 以实现相空间重构。

4.6.1　嵌入维数

嵌入维数 m 是指能完全包容重构信号所有状态信息的最小空间维数，当重构空间的维数达到或超过嵌入维数时，重构信号可以充分展开，消除自交叉现象。在此选用由 Grassberger 和 Procaccia 提出的 G-P 算法进行计算，基本步骤

如下：

（1）先给定一个较小的重构维数 m_0，对振动信号时间序列进行重构，得到一组如式（4-32）所示的重构相空间。

（2）计算重构相空间中任意一对相点的欧氏距离 $r^{ij}(m)$，为

$$r_{ij}(m) = \left\| X_n(t_i) - X_n(t_j) \right\|, \quad i \neq j \tag{4-33}$$

（3）计算关联函数 $C（r，m）$ 为

$$C(r,m) = \lim_{x \to \infty} \frac{1}{N} \sum_{i,j=1}^{N} H\left[r - \left\| X_n(t_i) - X_n(t_j) \right\| \right] \tag{4-34}$$

式中：$H（g）$ 为 Heaviside 函数，可表示为

$$H(x) = \begin{cases} 1, & x > 0 \\ 0, & x \leqslant 0 \end{cases} \tag{4-35}$$

$C（r，m）$ 是一个累积分布函数，表示相空间中任意两个相点之间的距离小于 r 的概率。

对于 r 的某个适当范围，重构信号的关联维数 D 与累积分布函数 $C（r，m）$ 应满足对应的线性关系，即有 $D=\ln C（r，m）/\ln r$，从而可由拟合求出对应 m_0 的关联维数估计值 $D（m_0）$。

（4）增加嵌入维数 $m_1 > m_0$，重新计算步骤（2）和步骤（4），直到相应的维数估计值 $D（m）$ 不再随着 m 的增加而变化为止。此时得到的 m 就是需要的最佳嵌入维数，D 为关联维数。

图 4-24 所示为 OLTC 模型正常状态下 3-4 挡切换时测点 2 处的振动信号应

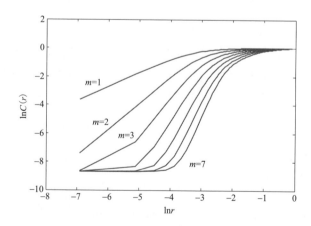

图 4-24　$\ln C（r）$ 随 $\ln r$ 的变化曲线

用 G-P 法的嵌入维数计算结果。图 4-24 中，纵坐标中的 $C(r)$ 为一个累计分布函数，表示给定嵌入维数 m 下相空间中任意两个相点之间的距离小于 r 的概率。由图 4-24 可见，随着嵌入维数的增大，当 $m=4$ 时，$\text{In}C(r,m)$ 随 $\text{In}r$ 变化曲线的线性部分斜率就不再变化，故可取嵌入维数 $m=4$。

4.6.2　延迟时间

H.S.Kim 在 1999 年提出的 C-C 法作为一种基于嵌入窗法计算相空间的延迟时间与嵌入窗的方法。该方法主要利用时间序列相关积分和 Brock-Dechert-Scheinkman（BDS）统计理论选取最优的延迟时间。首先引入相关积分的概念，即

$$C(m,n,r,\tau)=\frac{2}{M(M-1)}\sum_{1\leqslant i\leqslant j\leqslant M}H\left\{r-\left\|X_i-X_j\right\|\right\} \tag{4-36}$$

式中：m 为嵌入维数；n 为时间序列长度；r 为邻域半径；τ 为延迟时间；M 为 m 维空间内嵌入的总点数且有 $M=N-(m-1)t$；$\|\cdot\|$ 为重构点之间的欧氏距离。

定义序列 $x=\{x_i\}$ 的检验统计量为

$$B(m,N,r,t)=C(m,N,r,t)-C^{rn}(m,N,r,t) \tag{4-37}$$

将时间序列平均分为 t 个子序列，t 为重构时间延时，即为

$$\begin{cases}x(1)=\{x_1,x_{t+1},...,x_{[N/t]-t+1}\}\\ x(2)=\{x_1,x_{t+1},...,x_{[N/t]-t+2}\}\\ \vdots\\ x(t)=\{x_t,x_{t+t},...,x_{[N/t]}\}\end{cases} \tag{4-38}$$

计算式（4-37）定义的统计量，在这里采用分块平均策略，为

$$S(m,N,r,t)=\frac{1}{t}\sum_{s=1}^{t}[C_s(m,N,r,t)-C_s^{rn}(1,N,r,t)] \tag{4-39}$$

令 $N\to\infty$ 则有

$$S(m,r,t)=\frac{1}{t}\sum_{s=1}^{t}[C_s(m,r,t)-C_s^{rn}(1,r,t)] \tag{4-40}$$

若时间序列独立同分布，当 m 和 t 固定且 $N\to\infty$ 时，对于所有的 r，有 $S(m,r,t)=0$。但是由于时间序列的有限性，并且元素存在相关性，实际的 $S(m,r,t)$ 一般不为零。因此，局部最大时间间隔可以取 $S(m,r,t)$ 穿越零点或者对所有的半径 r 相互差别最小的时间点，如此操作是假设这些点几乎是均匀分布的。基于此，选择半径 r 对应的最大值和最小值，定义差量为

$$\Delta S(m,t) = \max\{S(m,r_j,t,N)\} - \min\{S(m,r_j,t,N)\} \qquad (4\text{-}41)$$

$\Delta S(m,t)$ 度量了 $\Delta S(m,t) \sim t$ 对所有半径 r 的最大偏差。由此可以得出，最优延迟时间 τ 可取 $\Delta \bar{S}(m,t) \sim t$ 的第一个局部极小点或 $\bar{S}(m,t) \sim t$ 的第一个零点。根据 BDS 统计结论，取 $m = 2,3,4,5$，$r_j = i\sigma/2$，$i = 1,2,3,4$，σ 为时间序列的标准差，计算下面两式，为

$$\bar{S}(t) = \frac{1}{16} \sum_{m=1}^{4} \sum_{m=1}^{4} S(m,r,t) \qquad (4\text{-}42)$$

$$\Delta \bar{S}(t) = \frac{1}{4} \sum_{m=1}^{4} \Delta S(m,t) \qquad (4\text{-}43)$$

图 4-25 所示为 OLTC 模型正常状态下 3-4 挡切换时测点 2 处的振动信号应用 C-C 法的延迟时间计算结果。由图 4-25 可见，$\bar{S}(t)$ 的第一个过零点对应的延迟时间约为 20s，$\Delta \bar{S}(t)$ 的第一个极小值点对应的延迟时间亦为 20s，故可取延迟时间 $\tau = 20s$。

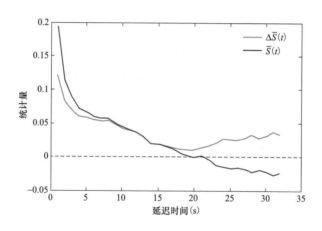

图 4-25　延迟时间的计算结果

4.6.3　基于轨迹轮廓描述的 OLTC 振动信号特征提取

为定量描述 OLTC 振动信号的相空间分布特征，重点研究了相空间中基于轨迹描述轮廓的非线性几何特征。以图 4-26 所示的三个连续吸引子形成的轨迹图为例进行说明。其中，重构后的相空间 $X = [x_1, x_2, \cdots, x_N]$ 的行向量 x_i 为第 i 个吸引子。图中，a_i、a_{i+1} 和 a_{i+2} 为重构相空间中的任意三个连续吸引子。根据吸引子的轨迹图，在此定义以下五种非线性几何特征：

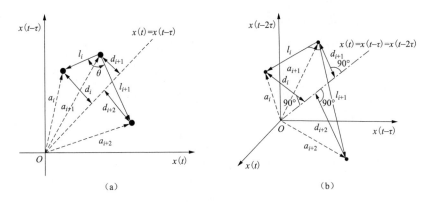

图 4-26　三个连续吸引子形成的轨迹图

（a）二维空间；（b）三维空间

（1）第一轮廓：吸引子到原点的距离，为

$$\begin{cases} \overline{a} = \left[|a_1|, |a_2|, \cdots, |a_M| \right] \\ |a_i| = \sqrt{x_i^2 + (x_i + \tau)^2 + \cdots + (x_i + (m-1)\tau)^2} \end{cases} \tag{4-44}$$

（2）第二轮廓：吸引子之间的连续轨迹长度，为

$$\begin{cases} \overline{l} = \left[|l_1|, |l_2|, \cdots, |l_{M-1}| \right] \\ |l_i| = |a_{i+1} - a_i| \end{cases} \tag{4-45}$$

（3）第三轮廓：吸引子之间的连续轨迹夹角，为

$$\begin{cases} \overline{\theta} = [\theta_1, \theta_2, \cdots, \theta_{M-2}] \\ \theta_i = \dfrac{(a_i - a_{i+1})(a_{i+1} - a_{i+2})}{|l_i||l_{i+1}|} \end{cases} \tag{4-46}$$

（4）第四轮廓：吸引子到标识线的距离，为

$$\overline{d} = [d_1, d_2, \cdots, d_M] \tag{4-47}$$

其中标识线为

$$x(i) = x(i + \tau) = \cdots = x[i + (m-1)\tau] \tag{4-48}$$

（5）第五轮廓：吸引子连续轨迹总长度，为

$$S = \sum_{i=1}^{M} |a_i| \tag{4-49}$$

其中，第一轮廓至第四轮廓为长度约为 M 的特征序列，分别反映了重构相空间中各个相点的幅值与角度信息。当 OLTC 的机械状态发生变化时，振动信号重构相空间中的相轨迹图及所定义的五种非线性几何特征会随之改变。为定量描述这种差异，在此引入动态时间弯曲距离（Dynamic Time Warping，DTW）

来度量 OLTC 振动信号重构相空间中特征序列的差异性，其基本思想是调整两个时间序列中不同时间点元素之间的对应关系来获取一条最优弯曲路径，使沿该路径的两个时间序列间的距离最小。DTW 技术首先被应用于语音识别领域，用于完成词汇匹配等任务，Berndt 和 Clifford 首次把 DTW 引入到了时间序列的模式匹配之上。DTW 允许时间轴的弯曲，它使用动态规划矩阵来对齐时间序列，允许一条时间序列上的一个点对应另一条时间序列上的多个点。

设有时间序列 $T = \{t_1, t_2, \cdots, t_m\}$ 和 $Q = \{q_1, q_2, \cdots, q_n\}$，其中，$m$ 和 n 分别为两个时间序列的长度。构造一个大小为 $m \times n$ 的距离矩阵，其中，第 (i, j) 个元素代表点 t_i 和 q_j 的对齐。时间序列 T 和 Q 间的最优弯曲路径 W 使得两条时间序列间的距离最小化，这里，W 是距离矩阵上一组元素构成的序列，记为 $W = \{w_1, w_2, \cdots, w_k\}$，其中的每一个 w_k 都对应一个点 $(i, j)_k$，如图 4-27 所示。

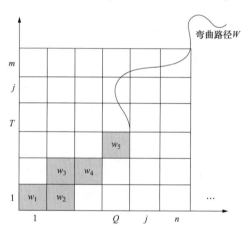

图 4-27　最优弯曲路径

若定义距离矩阵中每两个元素之间的局部距离度量函数为 $d(t_i, q_j) = (t_i - q_j)^2$，可将这一动态规划问题定义为：基于每条潜在的动态时间弯曲路径的距离累加和，求得其最小值，找出最小距离对应的最优弯曲路径，为

$$DTW(T, Q) = \min_w [\sum_{k=1}^{P} d(w_k)] \tag{4-50}$$

同时在动态时间弯曲问题中最优弯曲路径需要具备三个属性：

（1）有界性：路径必须以左下角元素为起始，右上角元素为终止，即（i_1, j_i）=（1，1），（i_k, j_k）=（n, m）。

（2）单调性：路径中的元素应当随时间顺序进行转移，即始终从起始方向向终止方向（右上方）前进，即 $i_{k-1} \leq i_k$，$j_{k-1} \leq j_k$。

（3）连续性：路径中的元素必须严格相邻，路径中间不能产生"空洞"，即 $i_k - i_{k-1} \leqslant 1$ 且 $j_k - j_{k-1} \leqslant 1$。

有了以上三种属性的定义，可得到这一动态规划问题的状态转移方程，也就是当前路径累加距离的计算方法，为

$$r(i,j) = d(i,j) + \min[r(i-1,j), r(i,j-1), r(i-1,j-1)] \qquad (4-51)$$

即当前坐标上的累积距离就是当前位置的局部度量距离加上相邻三个坐标中累加距离的最小值，根据这一公式，在距离累加和矩阵中依次计算，即可得到最优弯曲路径。

4.6.4　结果分析

仍以 OLTC 正常工况下 3-4 挡切换时测点 2 处的振动信号为例进行说明。根据 G-P 算法与 C-C 法的计算结果可知，嵌入维数 $m=4$（图 4-25）和延迟时间 $\tau=20$（图 4-26），故可得重构后的 OLTC 振动信号相空间。

依据式（4-44）～式（4-49）在 OLTC 振动信号的重构相空间中依次计算相点的五种轮廓，同时分别以 OLTC 1-2 挡和 2-3 挡切换时测点 2 处振动信号的五种轮廓为基准值，计算 OLTC 部分挡位同方向切换时振动信号五种轮廓的 DTW，结果见表 4-12。由表 4-12 可见，OLTC 切换时振动信号的五种轮廓分别从不同角度描述了重构相空间的相点轨迹与几何分布。OLTC 同方向切换时，这五种轮廓的 DTW 均较为接近，但奇侧-偶侧与偶侧-奇侧切换时五种轮廓的 DTW 存在一定差异，与 OLTC 的机械结构及切换特性吻合良好，说明了计算结果的有效性。

表 4-12　　　　测点 2 处 OLTC 部分挡位切换时振动信号的 DTW

挡位		DTW				
		第一轮廓	第二轮廓	第三轮廓	第四轮廓	第五轮廓
奇侧-偶侧	1-2	—	—	—	—	—
	3-4	11.57	1.68	237.59	13.81	33.66
	5-6	13.72	1.89	212.05	15.75	39.02
	7-8	12.94	1.63	229.21	14.49	38.76
偶侧-奇侧	2-3	—	—	—	—	—
	4-5	21.89	2.34	172.85	19.58	50.12
	6-7	19.56	2.16	173.01	18.87	43.18
	10-11	22.53	2.33	181.48	20.56	51.57

表 4-13 和表 4-14 分别给出了测点 4 和测点 7 处 OLTC 部分挡位同方向切换时振动信号五种轮廓的 DTW。由表 4-13 和表 4-14 可见，测点 4 与测点 7 处振动信号五种轮廓的 DTW 的变化规律与测点 2 类似，且与 OLTC 的机械结构及切换特性吻合良好，再次说明了计算结果的有效性。同时，这 3 个测点处振动信号五种轮廓的 DTW 存在一定差异，尤其是测点 7 处，其 OLTC 切换时振动信号五种轮廓的 DTW 均为测点 4 及测点 4 的 2~4 倍。其主要原因在于：受到 OLTC 切换时振动信号传播路径的影响，测点 7 处振动信号的时域幅值/能量均大于测点 2 及测点 4，故振动信号重构相空间中相点的几何特征均大于测点 2 及测点 4 的结果，这一结论也在一定程度上说明了计算结果的合理性。

表 4-13　　测点 4 处 OLTC 部分挡位切换时振动信号的 DTW

挡位		DTW				
		第一轮廓	第二轮廓	第三轮廓	第四轮廓	第五轮廓
奇侧-偶侧	1-2	—	—	—	—	—
	3-4	13.18	1.83	196.80	14.82	41.03
	5-6	14.32	2.06	186.76	15.75	46.69
	7-8	13.72	1.98	200.85	15.14	45.62
偶侧-奇侧	2-3	—	—	—	—	—
	4-5	23.04	2.78	167.57	21.24	57.22
	6-7	20.73	2.65	162.94	20.73	50.34
	10-11	24.60	2.70	173.70	21.41	59.55

表 4-14　　测点 7 处 OLTC 部分挡位切换时振动信号的 DTW

挡位		DTW				
		第一轮廓	第二轮廓	第三轮廓	第四轮廓	第五轮廓
奇侧-偶侧	1-2	—	—	—	—	—
	3-4	61.59	11.70	685.26	68.76	116.73
	5-6	65.09	11.98	636.25	71.75	118.71
	7-8	72.91	12.75	632.76	74.57	128.58
偶侧-奇侧	2-3	—	—	—	—	—
	4-5	69.92	17.65	581.72	81.15	188.42
	6-7	75.09	18.78	576.33	91.75	196.72
	10-11	68.21	17.80	588.59	79.86	188.80

4.7 本 章 小 结

（1）电动机电流的时域包络可较好地反映 OLTC 切换时电动机从启动到停转的完整过程，且多挡位切换时电流信号一致性良好。当 OLTC 存在卡涩或滑挡等外部故障时，电动机电流发生明显变化，但对其他各类如切换开关部件故障不敏感。

（2）当 OLTC 存在卡涩故障时，其振动信号的峭度值达到 100 左右，而 OLTC 处于其他运行工况下的峭度值仅为 4～5，故基于网格分形求取的峭度值能够有效识别 OLTC 的卡涩故障。

（3）基于 Morlet 小波包络谱提取的特征指标 K 综合了 OLTC 振动信号主要脉冲的峰值信息和时间信息，在一定范围内呈现集中分布趋势，OLTC 正常状态与典型故障下振动信号的运行状态系数 E_{co} 差异明显。

（4）经 TQWT 分解得到的振动信号子序列能量分布能有效地反映 OLTC 正常与典型故障时振动特性的差异性，与其故障机理吻合较好，OLTC 振动信号子序列能量的灰色关联度的计算结果再次印证了 OLTC 切换时的动作一致性。

（5）同侧挡位切换振动信号 DTW 较为接近，但异侧挡位振动信号 DTW 存在差异，不同测点处振动信号的 DTW 在时域幅值/能量均有所不同，表明了不同位置处振动信号的动力学特征存在差异。

第 5 章　有载分接开关典型故障诊断方法和机械性能评估

OLTC 的机械结构较为复杂，故障类型较多且具有一定的不确定性，在基于 OLTC 切换时的振动信号对其典型机械故障进行诊断时，采用单一的诊断方法具有一定的局限性。基于此，在此依据 OLTC 典型故障物理模型切换时振动信号的时频域及重构相空间的几何特征，开展基于隐马尔科夫模型（Hidden Markov Model，HMM）、决策树推理及改进模糊集理论研究 OLTC 的典型机械故障诊断方法，以获得更好的诊断结果并形成 OLTC 机械性能评估方法。

5.1　基于 HMM 的有载分接开关机械故障诊断

5.1.1　HMM 模型描述

HMM 是由 Markov 链拓展而来的双重随机过程模型，即观测结果不与状态一一对应，而是由状态-状态、状态-结果两个随机过程共同决定状态与观测结果之间的关系。在此模型中，真实状态是"隐藏"的。单个状态可产生多个观测结果，但无法仅从观测结果序列对其状态进行确认，隐藏的真实状态只能由观测结果的概率密度分布推导，由双重随机过程决定。双重随机过程中的一个代表不同状态之间的转移，即 Markov 链，另一个表示观测结果与单个状态之间的统计关系。

（1）Markov 链。Markov 链描述了状态空间中不同状态之间进行转换的随机过程，且每次转移的目的状态均只由当前状态所决定，其具体定义：对在 m 时刻的随机序列 X_m，若其所处状态 q_m 属于集合 $\{\theta_1, \theta_1, \cdots, \theta_N\}$，其中 N 为状态总数，则其在 $m+k$ 时刻处于状态 q_{m+k} 的概率仅与 m 时刻的状态有关，即

$$P(X_{m+k} = q_{m+k} \mid X_m = q_m, X_{m-1} = q_{m-1}, \cdots, X_1 = q_1)$$
$$= P(X_{m+k} = q_{m+k} \mid X_m = q_m)$$

（5-1）

式中：X_m 为 Markov 链，其 k 步转移概率为

$$P_{i,j}(m,m+k) = P(q_{m+k} = \theta_j \mid q_m = \theta_i) \quad 1 < i,j < N \tag{5-2}$$

式（5-2）对任意 m 均成立，即有 $P_{i,j}(m,m+k) = P_{i,j}(k)$，称 X_m 为齐次 Markov 链。其 k 步转换概率可由 $k=1$ 时的转换概率递推而来，即单步转移概率 $P_{i,j}(1)$，表示状态 i 与 j 进行直接转换的概率，简称转换概率，可记为 $a_{i,j}$。所有状态两两之间的转换概率构成 X_m 的转换概率矩阵，为

$$A = \begin{bmatrix} a_{1,N} \ldots a_{1,N} \\ \ldots \qquad \ldots \\ a_{N,1} \ldots a_{N,N} \end{bmatrix} \tag{5-3}$$

式中：$0 \leqslant a_{i,j} \leqslant 1$ 且 $\sum\limits_{j=1}^{N} a_{i,j} = 1$。

推导得到任意 k 值下的 k 步转换概率之后，因无法决定 X_m 的初始分布，需引入初始概率矢量 $\pi = (\pi_1, \cdots, \pi_N)$ 以对 Markov 链进行完整描述，其中，$\pi_i = P(q_1 = \theta_i)$，$0 \leqslant \pi_i \leqslant 1$，$\sum\limits_{i} \pi_i = 1$。由初始概率矢量与转换概率矩阵能够对任意时刻 Markov 链所处的状态进行计算。

（2）HMM 模型。Markov 链中假设观测序列与状态是直接对应的关系，而实际问题往往比较复杂，观测到的事件序列与其状态无法直接对应，故使用 Markov 链对随机过程所处状态进行判断并不准确，只能够使用概率值观察序列与实际状态相联系起来，即对不同状态与观测序列之间的关系进行 HMM 建模。HMM 模型是双重随机过程，其中一个随机过程定义不同状态的转换概率，即 Markov 链，而状态与观测序列之间的概率关系将由另一随机过程进行定义，由于实际事件中的状态数往往未知或难以直接进行辨别，故称为"隐藏状态"。基于这两个随机事件对隐藏状态的概率进行定义的模型被称为隐马尔可夫模型。一个 HMM 模型可由下列参数决定，分别为

1）模型状态数 N。N 为 Markov 链随机过程中状态的数目，在 t 时刻 Markov 链所处状态的集合可记为 $q_t \in \{\theta_1, \theta_2, \cdots, \theta_N\}$。

2）观测值维度 M。M 为任意状态 θ_i 下观测序列的维度。记 t 时刻观测值为 O_t，则对任意时刻有 $O_t \in \{V_1, V_2, \cdots, V_M\}$，其中，$V_i$ 为该时刻某一维度的观测值。

3）初始状态概率矩阵 π。在 $t=1$ 的初始时刻随机序列可能处于各状态的概率为 $\pi = (\pi_1, \pi_2, \cdots, \pi_N)$，即 $\pi_i = P(q_1 = \theta_i), 1 \leqslant i \leqslant N$。

4）状态转移概率矩阵 A。状态转移概率矩阵 $A = (a_{i,j})_{N \times N}$ 定义隐藏状态两

两之间进行转换的概率，其中，$a_{i,j}$ 描述状态 θ_i 到 θ_j 的单步转换概率，即 $a_{i,j} = P(q_{t+1} = \theta_j \mid q_t = \theta_i)$，$1 < i, j < N$。

5）观测值概率矩阵 B。观测值矩阵 $B = (b_{j,k})_{N \times M}$ 描述观察序列值与隐藏状态之间的概率关系，其中，$b_{j,k}$ 描述状态 θ_j 下观察序列值为 V_k 的概率，即 $b_{j,k} = P(O_t = V_k \mid q_t = \theta_j)$，$1 \leqslant j \leqslant N, 1 \leqslant k \leqslant M$。

综上，HMM 模型可描述为 $\lambda = (N, M, \theta, A, B)$，简记为 $\lambda = (\theta, A, B)$，如图 5-1 所示。

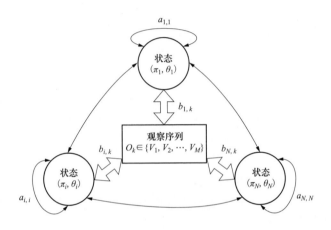

图 5-1　HMM 模型组成示意图

5.1.2　HMM 算法

在应用 HMM 模型解决实际问题时，需要解决下述三个问题，分别如下：

1）在给定观测值序列 $\boldsymbol{O} = (O_1, O_2, \cdots, O_T)$ 与模型 $\lambda = (\theta, A, B)$ 的情况下，求解由模型 λ 生成观测值序列的概率 $P(\boldsymbol{O} \mid \lambda)$，即对模型进行评估，通常使用前向-后向算法解决此类问题。

2）在给定观测值序列 $\boldsymbol{O} = (O_1, O_2, \cdots, O_T)$ 与模型 $\lambda = (\theta, A, B)$ 的情况下，确定一个最优状态序列 $Q^* = (q_1^*, q_2^*, \cdots, q_T^*)$，使该模型生成对应观测值序列的概率 $P(\boldsymbol{O} \mid \lambda)$ 最大，即对模型进行解码，通常使用 Viterbi 算法解决此类问题。

3）给定观测值序列 $\boldsymbol{O} = (O_1, O_2, \cdots, O_T)$，确定 HMM 模型的参数，使模型中状态序列生成观测值序列的概率 $P(\boldsymbol{O} \mid \lambda)$ 最大，即对模型进行训练，通常使用 Baum-Welch 算法解决此类问题。

（1）前向-后向算法。为了求解模型 λ 生成观测值序列 $\boldsymbol{O} = (O_1, O_2, \cdots, O_T)$ 的概率 $P(\boldsymbol{O} \mid \lambda)$，前向-后向算法分别定义了前向变量 α 与后向变量 β，采用网格

型递推方法进行推导，分为初始化、递归与终结三步。其中，前向算法示意图如图 5-2 所示。

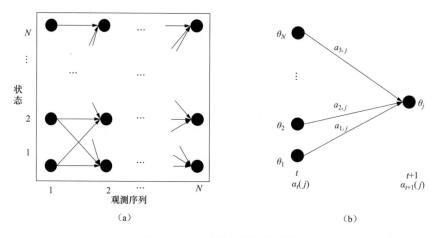

图 5-2　HMM 前向算法示意图

（a）网格型结构；（b）前向变量 $\alpha_{t+1}(j)$ 计算过程

前向算法首先对前向变量进行定义，为

$$\alpha_{t+1}(j) = P(O_1, O_2, \cdots, O_t, q_t = \theta_j \mid \lambda), \quad 1 \leqslant t \leqslant T \tag{5-4}$$

随后，对前向变量进行初始化，为

$$\alpha_1(j) = \pi_j b_j(O_1), \quad 1 \leqslant j \leqslant N \tag{5-5}$$

使用初始化后的前向变量进行迭代递推，为

$$\alpha_{t+1}(j) = [\sum_{i=1}^{N} \alpha_t(j) a_{i,j}] b_j(O_{t+1}) \tag{5-6}$$

当 $t = T$ 时刻，得到观测值的生成概率为

$$P(\boldsymbol{O} \mid \lambda) = \sum_{i=1}^{N} \alpha_T(j) \tag{5-7}$$

式中：$b_j(O_{t+1}) = b_{j,k} \big|_{O_{t+1} = V_k}$。

后向算法与前向算法步骤类似，区别在于后向算法首先定义后向变量，然后以时间倒序前推，以计算观测序列的生成概率，为

$$P(\boldsymbol{O} \mid \lambda) = \sum_{i=1}^{N} \beta_1(i) \tag{5-8}$$

（2）Viterbi 算法。Viterbi 算法主要解决的问题是如何确定一个最优状态序列 $Q^* = (q_1^*, q_2^*, \cdots, q_T^*)$，使 HMM 模型生成观测值序列的概率 $P(\boldsymbol{O} \mid \lambda)$ 最大。Viterbi 算法主要以观测序列生成概率矩阵最大值为目标函数，通过对状态序列进行选

代优化，以获取生成已有观测值序列概率最大的状态序列。主要步骤如下：

1）定义目标函数。定义目标函数 $\delta(i)$ 为 t 时刻时某一路径的状态序列 $Q'_t = (q'_1, q'_2, \cdots, q'_t)$ 产生观测值序列 $\boldsymbol{O} = (O_1, O_2, \cdots, O_t)$ 的最大概率，为

$$\delta(i) = \max_{q_1, q_2, \cdots, q_{t-1}} P(q_1, q_2, \cdots, q_t, q_t = \theta_i, O_1, O_2, \cdots, O_t, q_t = \theta_i \mid \lambda) \quad (5\text{-}9)$$

2）迭代目标函数。首先对目标函数进行初始化，为方便求取目标函数进行迭代后产生的最优序列，定义中间变量 φ 为

$$\delta_1(i) = \pi_i b_i(O_1), 1 \leqslant i \leqslant N \quad (5\text{-}10)$$

$$A = \begin{bmatrix} a_{1,N} \cdots a_{1,N} \\ \cdots \qquad \cdots \\ a_{N,1} \cdots a_{N,N} \end{bmatrix} \quad (5\text{-}11)$$

使用状态转换矩阵与观测值概率矩阵对目标函数进行迭代，为

$$\delta_t(j) = \max_{1 \leqslant i \leqslant N}[\delta_{t-1}(j)a_{i,j}]b(O_t), 2 \leqslant t \leqslant T, 1 \leqslant j \leqslant N \quad (5\text{-}12)$$

$$\varphi_i(j) = \operatorname{argmax}(\delta_{t-1}(i)a_{i,j}), 2 \leqslant t \leqslant T, 1 \leqslant j \leqslant N \quad (5\text{-}13)$$

式中：$\operatorname{argmax}(\cdot)$ 表示取括号内因变量最大值处对应的自变量值。

3）计算最优状态序列。进行多次迭代之后，基于以下步骤回溯初始状态路径，求取最优状态序列，为

$$P^* = \max_{1 \leqslant i \leqslant N}[\delta_T(i)] \quad (5\text{-}14)$$

$$q_T^* = \operatorname{argmax}_{1 \leqslant i \leqslant N}[\delta_T(i)] \quad (5\text{-}15)$$

$$q_t^* = \varphi_{t+1}(q_{t+1}^*), t = T-1, T-2, \cdots, 1 \quad (5\text{-}16)$$

（3）Baum-Welch 算法。Baum-Welch 算法主要被用来对 HMM 模型进行训练，在给定观测值序列 $\boldsymbol{O} = (O_1, O_2, \cdots, O_T)$ 的情况下，可以使用 Baum-Welch 算法确定初始模型 $\lambda = (\theta, A, B)$ 的最优参数，以获得最大的观测值生成概率 $P(\boldsymbol{O} \mid \lambda)$。由于该问题可简化为有限数量序列的泛极值求取，Baum-Welch 使用递归思想确定 $P(\boldsymbol{O} \mid \lambda)$ 的局部最大值，进而得到训练参数。具体步骤如下：

首先定义给定模型中 Markov 链在 t 相邻时刻分别处于状态 θ_i 与状态 θ_j 的概率变量 $\xi_t(i, j) = P(O, q_t = \theta_i, q_{t+1} = \theta_j \mid \lambda)$。基于前向-后向算法，有

$$\xi_t(i, j) = [\alpha_t(i)a_{i,j}b_j(O_{t+1})\beta_{t+1}(j)] / P(\boldsymbol{O} \mid \lambda) \quad (5\text{-}17)$$

式中：$\alpha_t(i)$ 与 $\beta_{t+1}(j)$ 分别为 t 时刻的前向变量与 $t+1$ 时刻的后向变量。

据此可推导出模型中 Markov 链在 t 时刻处于状态 θ_i 的概率为

$$\xi_t(i) = P(O, q_t = \theta_i \mid \lambda) = \sum_{j=1}^{N} \xi_t(i, j) = \alpha_t(i)\beta_t(j) / P(\boldsymbol{O} \mid \lambda) \quad (5\text{-}18)$$

由以上定义可知，$\sum\limits_{t=1}^{T-1}\xi_t(i)$ 为 HMM 模型中 Markov 链在 t 时刻从状态 θ_i 转移出去次数的期望，而 $\sum\limits_{t=1}^{T-1}\xi_t(i,j)$ 为 Markov 链在 t 时刻从状态 θ_i 转移至 θ_j 次数的期望。根据 HMM 模型中状态转移概率矩阵与观测值概率矩阵的定义可导出 Baum-Welch 算法的重估公式为

$$\bar{\pi}_i = \xi_1(i) \tag{5-19}$$

$$\bar{a}_{i,j} = \sum_{t=1}^{T-1}\xi_t(i,j) \bigg/ \sum_{t=1}^{T-1}\xi_t(i) \tag{5-20}$$

$$\bar{b}_{j,k} = \sum_{t=1}^{T}\xi_t(j) \bigg/ \sum_{t=1}^{T}\xi_t(i) \tag{5-21}$$

在此基础上，可迭代训练模型以获得优化参数。首先将初始模型 $\lambda=(\theta,A,B)$ 与观测值序列 $\boldsymbol{O}=(O_1,O_2,\cdots,O_T)$ 带入重估公式，计算获得一组新的参数 $\bar{\pi}_i$、$\bar{a}_{i,j}$ 与 $\bar{b}_{j,k}$。将计算所得参数带入原模型，可证明带入重估公式计算所得参数的模型中，观测序列生成概率 $P(\boldsymbol{O}|\bar{\lambda})$ 大于初始模型，即由重估公式获得的模型 $\bar{\lambda}$ 表现较优。将该模型再次作为初始模型，重复上述步骤直至 $P(\boldsymbol{O}|\bar{\lambda})$ 收敛，所得模型即为训练完成的 HMM 模型。

5.1.3　结果分析

（1）OLTC 不同故障类型的识别结果分析。以 OLTC 正常状态下切换时测点 2 处的振动信号为例进行说明，共选取 40 组振动信号，其中，20 组作为 HMM 模型训练样本，另外 20 组用于 OLTC 的典型机械故障诊断，验证所用诊断方法的有效性。

由 OLTC 典型故障下振动信号的 TQWT 分解结果可见，对应的特征量对 OLTC 的弹簧储能不足（磨损 4 圈）、静触头松动、过渡触头磨损及连接推杆断裂四种典型机械故障的差异比较明显，故主要使用 HMM 模型对 OLTC 这四种机械故障进行诊断。依据 HMM 模型，分别设置初始状态矩阵 π 与转移矩阵 A 为

$$\pi = (0.25,\ 0.25,\ 0.25,\ 0.25) \tag{5-22}$$

$$A = \begin{bmatrix} 0.5 & 0 & 0 & 0.5 \\ 0.5 & 0.5 & 0 & 0 \\ 0 & 0.5 & 0.5 & 0 \\ 0 & 0 & 0.5 & 0.5 \end{bmatrix} \tag{5-23}$$

使用 Baum-Welch 算法对模型进行多次迭代，观测值生成概率的训练曲线如图 5-3 所示。为避免计算得到的概率值 $P(D|\lambda_1)$ 过小难以辨别，使用对数似然概率值 $\lg[P(D|\lambda_1)]$ 进行表示。由图 5-3 可见，随着迭代次数的增加，对数似然概率值逐渐收敛，最终在 45 次迭代后趋于稳定，说明 HMM 学习能力较强。而图 5-3 中 18 次迭代处出现的暂时稳定，表明 HMM 有摆脱局部极小值点的能力。

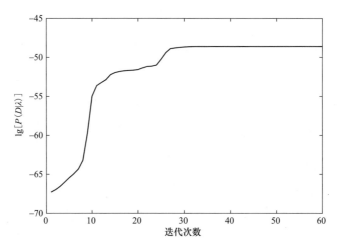

图 5-3　HMM 模型训练过程中的对数观测序列生成概率曲线

图 5-4 为 OLTC 正常与四种典型机械故障下 HMM 模型的训练结果。相比正常运行状态，故障状态下信号训练集最终收敛时，对数表示的观测序列生成

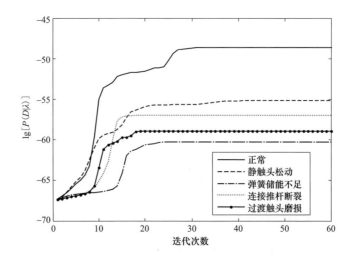

图 5-4　OLTC 正常与四种典型故障下 HMM 模型的训练曲线

概率更小，观测序列生成概率与故障类型有关。其中，静触头松动、连接推杆断裂与过渡触头磨损三种状态下信号特征量的 HMM 模型库训练收敛时，对数表示的观测值生成概率在–60～–55 之间，且逐渐减小；而弹簧储能不足故障状态下振动信号特征量模型库收敛时的对数概率值在–60 以下，可见模拟弹簧储能不足状态下信号与正常运行状态下信号差异最大。

表 5-1 为 OLTC 正常与四种典型故障下振动信号特征量模型库对待识别信号的测试结果。由表 5-1 可见，每种实际工况进行测试时，相对于同种工况下建立的 HMM 模型，输出概率值较大，且接近训练好的 HMM 收敛值，而对于不同种工况，识别输出的对数似然概率大幅减小甚至无法识别（–∞）。由此可知，使用 HMM 能够对不同工况信号的特征量序列进行有效识别。

表 5-1　　　　　　　　　OLTC 各个状态似然对数概率值

OLTC 实际状态	HMM 模型库				
	正常	两侧静触头松动	弹簧储能不足	连接推杆断裂	过渡触头磨损
正常	−52.93	−∞	−178.96	−134.78	−155.32
两侧静触头松动	−300.56	−55.25	−167.75	−∞	−138.84
弹簧储能不足	−178.96	−123.62	−61.92	−140.03	−∞
连接推杆断裂	−182.33	−133.97	−∞	−59.65	−128.74
过渡触头磨损	−200.03	−∞	−123.12	−144.25	−58.02

表 5-2 为 OLTC 正常与四种典型机械故障下振动信号特征量进行识别的统计结果。由表 5-2 可见，对 OLTC 的不同状态进行识别时，识别准确率均在 95% 以上，说明训练完成的 HMM 模型能够对 OLTC 的信号模式进行有效地识别。

表 5-2　　　　　　　　OLTC 不同工况 HMM 模型测试统计结果

OLTC 实际状态	HMM 模型库					识别率
	正常	两侧静触头松动	弹簧储能不足	连接推杆断裂	过渡触头磨损	
正常	20	0	0	0	0	100%
两侧静触头松动	1	19	0	0	0	95%
弹簧储能不足	0	0	20	0	0	95%
连接推杆断裂	0	0	0	20	0	100%
过渡触头磨损	0	0	0	0	20	100%

（2）OLTC 不同故障程度的识别结果分析。为研究 HMM 模型对不同程度

故障振动信号的识别效果，以弹簧储能不足故障为例进行说明，有弹簧磨损 1、2 圈和 4 圈三种情形，仍以测点 2 处的振动信号为例进行说明。

图 5-5 所示为这三种弹簧储能不足故障下振动信号特征量 HMM 模型的训练结果。由图可见，三种弹簧储能故障状态下振动信号的 HMM 模型参数均在 60 次迭代内结束。相比于 OLTC 正常状态下的振动信号，随着储能弹簧故障程度的加深，收敛时的对数似然概率也逐渐降低。其中，弹簧磨损 1 圈和 2 圈的 HMM 模型收敛时，对数概率比正常状态略小，均在−55 以上；弹簧磨损 4 圈时，HMM 模型收敛时对数概率下降到−60 以下。

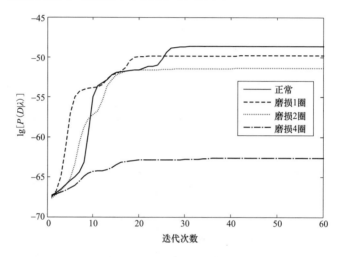

图 5-5　不同程度故障信号 HMM 训练结果

表 5-3 为对 OLTC 储能弹簧不同磨损程度下振动信号的识别结果。由表可见，同种程度故障建立的 HMM 模型，输出概率值较大，且接近训练好的 HMM 收敛值；而不同程度故障下建立的模型输出的对数似然概率减小甚至无法识别（$-\infty$）。

表 5-3　　OLTC 储能弹簧不同磨损程度振动信号似然对数概率值

OLTC 实际状态	HMM 模型库			
	正常	磨损 1 圈	磨损 2 圈	磨损 4 圈
正常	−47.62	−107.55	−144.32	221.71
磨损 1 圈	−136.45	−50.28	$-\infty$	−140.31
磨损 2 圈	−182.27	$-\infty$	−54.33	−128.65
磨损 4 圈	−328.96	−121.63	−112.78	−62.07

表 5-4 为基于训练完成的 HMM 模型对 OLTC 储能弹簧不同磨损程度振动信号测试集进行识别的统计结果。由表可见，对 OLTC 储能弹簧不同故障程度下振动信号进行识别时，识别准确率均在 95%以上，说明训练完成的 HMM 模型能够对 OLTC 振动信号进行有效识别。

表 5-4　　　　　　　　　　HMM 模型测试统计结果

OLTC 实际状态	HMM 模型库对应工况				识别率
	正常	磨损 1 圈	磨损 2 圈	磨损 4 圈	
正常	19	1	0	0	95%
磨损 1 圈	1	19	0	0	95%
磨损 2 圈	0	0	20	0	95%
磨损 4 圈	0	0	0	20	100%

5.2　基于决策树推理的有载分接开关机械故障诊断研究

决策树是一种较为常用的模式识别算法，采用树的形式对具有多重属性的复杂对象进行处理，将问题根据属性划分成为若干个子集问题，再分别进行处理，能够从一组复杂难以发现规律的数据集中推理出具体的表现形式和分类规则，有着计算量小、便于提取分类规则和重要决策属性的特点。故在此引入决策树模型，利用对 OLTC 切换时振动信号的 TQWT 分解所得子序列能量特征矢量构建决策树模型，提取故障类型之间的区分规则，以实现 OLTC 的机械故障诊断。

5.2.1　决策树推理模型

在已知各种事件发生概率的基础上，可通过构成决策树来求取净现值的期望值大于等于零的概率，评价项目风险，判断其可行性，是一种直观运用概率分析的图解分析方法。其中，决策树作为一种代表对象属性和对象值之间映射关系的分类算法，具有分类精度高、操作流程简单、能够转化成易于理解的规则等优点。在电力设备故障检测中，常结合设备处于不同工况时各种电量或非电量特征值之间存在的差别，利用决策树对设备的各种工况进行模式识别。

典型的决策树结构如图 5-6 所示，通过方框中的属性对样本进行分类。其中，最顶部的属性 A 称为根节点，其余属性节点称为内部节点，节点之间经由属性的分类规则相互关联。同时，决策树末端的类别表示最终分类的结果，称为树叶节点，从根节点开始，对模式的某一属性的取值提问，与根节点相连的不同分支，对应这个属性的不同取值，根据不同的结果转向响应的后续子节点，直至最终叶节点完成模式识别，整个识别路径的总集即为该决策树根据输入样本生成的分类规则。

基于决策树的分类一般将整个样本集合分成一组训练集和一组测试集，首先利用训练集构建决策树模型，再将测试集输入以检验决策树诊断的效果。其中，在样本集与节点基础上构建的决策树模型采用的是自上而下递归的方式，递归的过程就是形成一个由根节点起不断往下分枝直到叶子节点的分类过程。这个过程的实质是根据已知的各状态出现的概率从所有属性中整理出对当前节点的数据集分类效果最好的属性(称为分裂属性或决策属性)，并以此作为往下分枝的规则，最终形成的 N 条决策树分类规则可以用多个 if-then 条件语句进行描述。具体过程如图 5-7 所示。

图 5-6　决策树基本结构

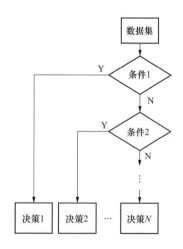

图 5-7　决策树模型构建流程图

5.2.2　决策树算法

由决策树推理模型可见，制定有效的属性分裂规则是这一算法的核心。依托决策树模型，国内外学者先后提出了 ID3、C4.5 及 CART 等多种分类算法来获取最优决策树。各类算法间的区别即选取分裂属性所依据的指标不同，其算法描述分别介绍如下：

（1）ID3 算法。ID3 算法通过比较各个属性的信息增益来选择分裂属性，通常选择信息增益最大的属性作为当前节点的分裂属性。信息增益的计算过程涉及信息熵和条件熵的计算。

假设样本集合 S 的总样本数为 X，其中共有 n 个类别 $C_1, C_2, \cdots, C_n$，分类对象属于其中某类别的概率分别为 $p_1, p_2, \cdots, p_n$，则可计算出当前分类系统的信息熵如式（5-24）所示

$$H(S) = -\sum_{i=1}^{n} p_i \log_2 p_i \quad , \ 1 \leqslant i \leqslant n \qquad (5\text{-}24)$$

假定按照某属性 A 划分之后，共分出 m 条分支，每条分支中有 $m_1, m_2, \cdots, m_n$ 样例，再利用式（5-24）分别计算各个分支的信息熵 $H_1, H_2, \cdots, H_m$，综合计算得到在该特征属性 A 的条件熵 $H(S|A)$ 即划分后的信息熵，为

$$H(S|A) = -\sum_{i=1}^{n} \frac{m_i}{X} H_i \quad , \ 1 \leqslant i \leqslant n \qquad (5\text{-}25)$$

信息增益的计算公式为

$$IG(S \mid A) = H(S) - H(S \mid A) \qquad (5\text{-}26)$$

迭代上述步骤，计算得到信息增益最大的属性，将其作为下一个节点的分裂属性直至完成决策树的构建。

（2）C4.5 算法。C4.5 算法是 ID3 算法的一种延伸和优化，它们算法中的核心区别在于分裂属性的选择标准不同，ID3 算法采用的是信息增益，而 C4.5 算法采用的是信息增益率。由此 C4.5 算法比起 ID3 算法克服了 ID3 算法中信息增益倾向于选择拥有多个属性值的属性作为分裂属性的特点。

计算信息增益率需要引入分裂信息的概念，计算公式为

$$SplitInfo(S) = -\sum_{i=1}^{m} \frac{m_i}{X} \log_2 \frac{m_i}{X} \qquad (5\text{-}27)$$

联合式（5-26）和式（5-27），可计算得到经过属性 A 分枝之后样本数据的信息增益率，为

$$InfoGainRatio(S, A) = \frac{IG(S \mid A)}{SplitInfo(S)} \qquad (5\text{-}28)$$

C4.5 算法中，对每一个节点都选择信息增益率最大的属性作为当前节点的分裂属性，不断迭代直到整个决策树构建完成。

（3）CART 算法。CART 算法采用二分递归分割的方法，将当前测试样本

分为两个子样本，且每个内部节点都产生两个分支，从而得到结构简洁的二叉决策树。

该算法采用 Gini 指数作为分裂标准，为

$$Gini(p) = \sum_{k=1}^{K} p_k(1 - p_k) = 1 - \sum_{k=1}^{K} p_k^2 \tag{5-29}$$

式中：p_k 为样本集合中第 k 类数据的概率；$1 - p_k$ 为样本被分错的概率。

Gini 指数又称为 Gini 不纯度，用来表示样本集合中一个随机选中的样本被分错的概率。当样本根据某一特征 A 划分为两部分后，可计算样本集合 S 的基尼指数，为

$$Gini(S, A) = \frac{|S_1|}{|S|} Gini(S_1) + \frac{|S_2|}{|S|} Gini(S_2) \tag{5-30}$$

式中：S_1 和 S_2 分别为被属性 A 分成的两个样本集合。

Gini（S, A）表征经过特征 A 划分后集合 S 的不纯净度，基尼系数越大，样本集合的不纯净度也就越大，因此最好的属性划分是使得 Gini（S, A）最小的划分。

鉴于 CART（Classification And Regression Tree）算法具有灵活性好、允许部分容错及在面对多变量问题时仍能保持稳健的特点，本次研究选用的 CART 作为决策树的核心算法来实现 OLTC 机械故障的诊断。

针对 CART 算法生成的决策树抗干扰能力略显不足，这是因为以 Gini 系数选取最优特征值时侧重于不同类数据间的界限是否明确，而不关注两类数据间的差值，而用于生成决策树的样本可能存在两类数据某特征值界限明确但差值较小的情况，此时所生成的决策树抗干扰能力较差，一旦测试集数据超出样本范围或受到扰动，则会造成分类错误。故这里对 CART 算法稍做调整，提出生成决策树过程中计算最优切分点时，同时记录切分点两侧值之差，以该差值取最大时所对应的特征作为最优特征进行决策树生成过程，能够提高决策树的抗干扰能力。

5.2.3 基于决策树的有载分接开关机械故障诊断

利用 TQWT 分解提取振动信号能量特征量的方法，可以得到每一个振动信号的 28 层子序列能量，并将其作为振动信号的 28 维特征矢量。其每层子序列能量可看作样本的不同特征属性，用于构建决策树模型，并利用决策树分类的能力进行 OLTC 的机械故障诊断。基于决策树实现有载分接机械故障诊断的诊断原理框图如图 5-8 所示。

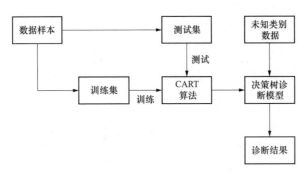

图 5-8　基于决策树的诊断流程框图

其中，采用 CART 算法生成决策树流程：

（1）从节点的训练数据集 S 计算现有特征对该数据集的基尼指数（$Gini$）。此时，对每一个特征 A，对其可能取得每一个值 a，根据"样本 $A=a$ 的结果是'是'或'否'"将 S 分割成 S_1、S_2 两部分，利用式（5-29）、式（5-30）计算 $A=a$ 时的 $Gini$。

（2）在所有可能的特征 A 及它们所有可能的切分点 a 中选择 $Gini$ 最小的特征及其对应的切分点作为最优切分点，记录下所有切分点两侧数值之差的绝对值，以此差值取得最大值时所对应的特征值为最优特征值，然后依据最优特征中的最优切分点从现节点生成两个子节点，最后将训练数据集依据特征分配到两个子节点中去。

（3）对两个子节点递归地调用上面两步直至满足停止条件。

（4）生成 CART 决策树。

5.2.4　结果分析

图 5-9 所示为 OLTC 在正常、弹簧储能不足、两侧静触头松动和电弧动触

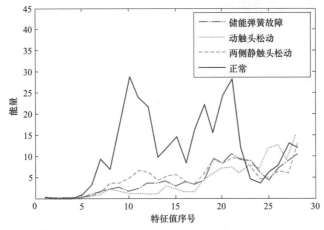

图 5-9　OLTC 3-4 挡切换时的振动信号子序列能量

头松动四种状态下测点 2 处振动信号的 TQWT 分解的子序列能量。应用改进的 CART 算法综合 *Gini* 系数和分裂点两侧值差最大原则选择出使用图 5-9 所示的 28 维特征信号中的第 7 维、第 21 维和第 25 维生成模式识别决策树，生成决策树过程所用到的信号子序列能量见表 5-5。

表 5-5　　　　　　　　　　　　不同工况 3-4 挡特征量数据

	数据组	1	2	3	4	5
正常	特征 1	13.122	11.905	9.9199	9.0466	10.741
	特征 2	82.942	99.678	121.83	81.138	93.086
	特征 3	2.1530	2.3398	2.2215	2.8802	3.1061
	数据组	6	7	8	9	10
	特征 1	9.7272	9.6846	10.313	10.029	11.755
	特征 2	82.905	91.464	91.807	93.756	75.148
	特征 3	3.2597	3.7207	4.8087	3.5863	3.6500
储能弹簧力下降	数据组	1	2	3	4	5
	特征 1	0.8114	1.2117	1.3184	1.2534	1.2861
	特征 2	11.499	15.515	15.892	16.531	14.139
	特征 3	3.2670	3.2162	2.1626	1.7952	2.4339
	数据组	6	7	8	9	10
	特征 1	1.5944	1.4891	1.4954	1.3122	1.1883
	特征 2	13.167	14.015	13.945	14.762	14.750
	特征 3	2.4627	2.4073	2.5351	2.3896	1.9164
两侧静触头松动	数据组	1	2	3	4	5
	特征 1	0.8552	1.3079	1.5179	1.5935	1.4943
	特征 2	29.460	34.060	25.174	24.425	26.268
	特征 3	2.7622	4.0001	3.3246	3.2823	2.6690
	数据组	6	7	8	9	10
	特征 1	1.7666	2.0222	2.0209	1.6800	2.0261
	特征 2	23.038	28.339	22.768	23.788	25.013
	特征 3	3.7512	3.7135	4.0162	2.9968	4.9572

续表

	数据组	1	2	3	4	5
电弧动触头松动	特征 1	1.4990	1.8409	1.8850	2.3223	2.0028
	特征 2	16.665	15.397	13.735	11.542	14.158
	特征 3	8.1042	6.8439	6.5423	6.7857	6.5675
	数据组	6	7	8	9	10
	特征 1	2.4872	2.3138	2.4321	2.5575	2.0089
	特征 2	12.857	15.913	9.9363	11.829	11.601
	特征 3	8.8043	7.2416	9.2952	6.9166	8.6973

　　基于以上测试数据，对每种工况同样挡位的切换过程分别任选 7 组数据作为训练样本生成决策树，剩余的 3 个特征数组作为测试样本应用所生成的决策树进行模式识别来进行测试，如图 5-10 所示。

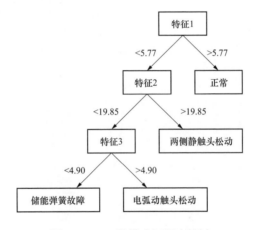

图 5-10　3-4 挡模式识别决策树

　　生成决策树过程中，应用特征值 7 时以 5.7669 为分裂值识别出正常工况，应用特征值 21 时以 19.8516 为分裂值识别出两侧静触头松动工况，应用特征值 25 时以 4.9046 为分裂值识别出储能弹簧故障和电弧动触头松动两种工况，至此模式识别决策树生成，用测试集对决策树进行验证，识别正确率为 100%。

　　对 OLTC 在四种状态下测点 2 处 4-5 挡各采集 10 组特征数组，其中一组振动信号的 TQWT 分解的子序列能量如图 5-11 所示。同样方法选择出使用 28 维特征信号中的第 15 维、第 20 维和第 25 维生成模式识别决策树，从图 5-12 中也可清楚看到应用特征值 15、20 和 25 生成决策树时区分性较好，生成决策树过程所用到的信号子序列能量见表 5-6。

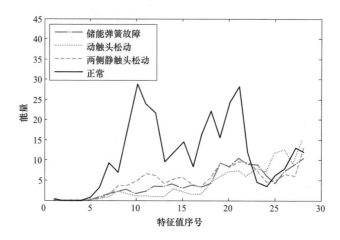

图 5-11　4-5 挡四种工况特征值序列

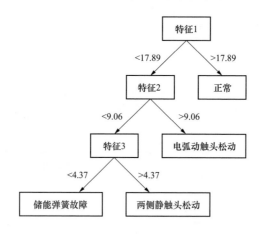

图 5-12　4-5 挡模式识别决策树

表 5-6　　　　　　　　　　　4-5 挡不同工况特征数据

	数据组	1	2	3	4	5
正常	特征 1	20.988	23.08	14.975	11.447	13.453
	特征 2	29.81	25.815	23.933	36.522	23.767
	特征 3	5.5339	5.3455	4.564	6.5441	4.9578
	数据组	6	7	8	9	10
	特征 1	16.435	14.814	14.565	10.022	9.4672
	特征 2	28.788	24.518	26.637	31.001	28.078
	特征 3	6.0061	6.4798	7.0208	4.8925	5.1391

续表

	数据组	1	2	3	4	5
储能弹簧力下降	特征 1	2.6255	2.9618	2.8394	2.806	2.7593
	特征 2	6.3596	8.3302	8.6453	7.6617	6.6216
	特征 3	3.2107	4.2253	4.3214	3.3096	3.806
	数据组	6	7	8	9	10
	特征 1	2.469	2.795	2.7013	3.1678	2.7167
	特征 2	8.1391	7.5292	6.7828	7.3028	6.2921
	特征 3	3.4806	3.5304	3.8775	3.7811	3.6808
两侧静触头松动	数据组	1	2	3	4	5
	特征 1	6.9807	5.7735	10.375	6.3492	6.94
	特征 2	5.982	8.112	12.017	7.3348	9.5624
	特征 3	4.2453	5.1332	3.4059	5.9778	5.4991
	数据组	6	7	8	9	10
	特征 1	7.274	8.1215	7.1099	7.7718	5.8593
	特征 2	11.084	8.0646	7.1492	7.2116	8.4608
	特征 3	5.7447	6.2218	4.8172	5.4074	4.7491
电弧动触头松动	数据组	1	2	3	4	5
	特征 1	2.3155	1.7882	2.2849	2.5732	2.4057
	特征 2	7.2607	6.4575	5.3632	7.1898	4.9796
	特征 3	11.904	13.954	14.385	11.96	13.863
	数据组	6	7	8	9	10
	特征 1	2.714	2.7857	2.6207	3.1595	3.5515
	特征 2	4.5863	7.526	6.1204	7.0941	6.0968
	特征 3	12.087	13.051	14.442	10.034	13.674

　　同样地，在 OLTC 每种状态下同挡位切换过程中的振动信号中分别任选 7 组数据作为训练样本生成决策树，剩余的 3 个特征数组作为测试样本应用所生成的决策树进行模式识别来进行测试，如图 5-12 所示。

　　生成决策树过程中,应用特征值 20 时以 17.8921 为分裂值识别出正常工况，应用特征值 25 时以 9.0628 为分裂值识别出电弧动触头松动工况，应用特征值 15 时以 4.3676 为分裂值识别出储能弹簧故障和两侧静触头松动两种工况，至此模式识别决策树生成，用测试集对决策树进行验证，识别正确率为 100%。

　　综上，以 OLTC 切换时振动信号 TQWT 分解提取的 28 层子序列能量为特征值，基于改进的 CART 算法生成决策树，完成了两个挡位下对于正常、弹簧储能不足、两侧静触头松动和电弧动触头松动四种工况的准确识别，体现了决策树算法简洁和高准确率的特点。

5.3　基于模糊集理论的有载分接开关
机械故障诊断研究

模糊理论是一种准确描述不确定性关系的数学工具，它用准确的理论方法来处理过去无法用经典理论描述的模糊事物，能够解决经典理论所不能解决的非确定性语义及模糊概念的问题，且符合人的认识规律，故可将模糊理论引入OLTC 的典型机械故障识别之中，以获取准确率较高的识别结果。

5.3.1　模糊集理论

模糊集理论（Fuzzy Sets，FS）是由美国控制论专家 Zaden 教授创立，他提出用隶属函数来表述事物的模糊性，从而奠定了模糊集理论的基础。模糊集合适用于描述模糊性属性的集合，不同于普通的集合，普通集合中的每个对象的属性是明确的，界限分明的。而模糊几何是对某个事物属性描述的模糊概念的全体，被描述的事物属性本身不是清晰的、界限不是分明的，因而事物与集合之间的隶属关系也是不确定的。

设 U 是论域，μ_A 是把任意 $u \in U$ 映射为 [0，1] 上某个值的函数，即

$$\mu_A : U \to [0,1] \text{ 或者 } u \to \mu_A(u) \tag{5-31}$$

则称 μ_A 为定义在 U 上的一个隶属函数。由 $\mu_A(u)(u \in U)$ 所构成的集合 A 称为 U 上的一个模糊集，$\mu_A(u)$ 称为 u 对 A 的隶属度。

若 U 为有限集，记 $U = \{u_1, u_2, \cdots, u_n\}$，模糊集可表示为

$$\tilde{A} = \left[\frac{\tilde{A}(u_1)}{u_1}, \frac{\tilde{A}(u_2)}{u_2}, \cdots, \frac{\tilde{A}(u_n)}{u_n} \right] \quad i = 1, 2, \cdots, n \tag{5-32}$$

式中：$\tilde{A}(u_i)$ 为隶属度；$\dfrac{\tilde{A}(u_i)}{u_i}$ 表示论域中的元素 u_i 与其隶属度 $\tilde{A}(u_i)$ 之间的对应关系。

当 U 是连续论域时，模糊集的表示形式为

$$\tilde{A} = \int_U \frac{\mu_A(u)}{u} \tag{5-33}$$

式中：$\dfrac{\mu_A(u)}{u}$ 表示 u 与 $\mu_A(u)$ 之间的对应关系。

在进行模糊集合运算、模糊逻辑推理中，隶属函数的确定是关键。常见的隶属函数形式主要有凸模糊集、模糊分布函数、Z 型、S 型等其他类型隶属函数。其中，模糊分布函数常见的函数类型主要有正态型、Γ 型、Z 型、S 型，其表达式分别为

$$\text{正态型：} \quad \mu(x) = e^{-\left(\frac{x-a}{b}\right)^2}, \quad b>0 \tag{5-34}$$

$$\Gamma \text{ 型：} \quad \mu(x) = \begin{cases} 0 & x<0 \\ \left(\dfrac{x}{\lambda v}\right)^v \cdot e^{v-\frac{x}{\lambda}} & x \geqslant 0 \end{cases} \tag{5-35}$$

式中：$\lambda>0$，$v>0$。

$$\text{Z 型：} \quad \mu(x) = \begin{cases} \dfrac{1}{1+[a(x-c)]^b} & x>c \\ 1 & x \leqslant c \end{cases} \tag{5-36}$$

式中：$a>0$，$b>0$。

$$\text{S 型：} \quad \mu(x) = \begin{cases} 0 & x<c \\ \dfrac{1}{1+[a(x-c)]^b} & x \geqslant c \end{cases} \tag{5-37}$$

式中：$a>0$，$b<0$。

实际应用时，确定隶属函数的方法主要有模糊统计法、例证法和专家经验法、二元对比排序法。在此依据 OLTC 的振动特性及经验选用正态型隶属函数。即对 n 类故障模糊集 $\tilde{A}_1, \tilde{A}_2, \cdots, \tilde{A}_n$，其各类故障的正态型隶属函数为

$$\tilde{A}_i(x) = e^{-\left(\frac{x-\mu_i}{\sigma}\right)^2} \quad i=1,2,\cdots,n \tag{5-38}$$

在应用模糊集理论进行对设备故障诊断进行模糊推理时，有针对单样本的模糊诊断原理和针对样本集的模糊诊断原理两大类。分别描述如下：

（1）针对单样本的模糊诊断原理。给定待诊断样本 t，由式（5-38）求其对应于各类故障的隶属度 $\tilde{A}_i(t)$，采用最大隶属度原则判断其归属于哪类故障。若满足

$$\tilde{A}_k(t) = \max_{1 \leqslant i \leqslant n}\{\tilde{A}_i(t)\} \tag{5-39}$$

则认为 t 属于模糊集 $\tilde{A}_k$，即发生第 k 类故障。

实际应用中，为减少故障诊断的误判率，在应用最大隶属度原则判断之前，可预先设定阈值 $\delta \in [0,1]$，若 $\tilde{A}_k(t) \geqslant \delta$，则认为可以识别，按最大隶属度原则

进行判断；若 $\tilde{A}_k(t)<\delta$，则认为依据该方法不能识别，需另作分析。

（2）针对样本集的模糊诊断原理。对由多次测量获取的一组样本，可首先根据式（5-34）建立此样本集的正态型隶属函数。

为度量模糊集合之间的距离，在此使用贴近度法。其中，贴近度是表征两模糊集合相似或者接近程度的重要数量指标，贴近度越接近于 1，表明两个模糊集越接近；贴近度越接近于 0，表明两个模糊集越相离。常见的贴近度函数有距离贴近度、最小最大贴近度、测度贴近度和格贴近度，在此选用格贴近度，其计算公式为

$$d(\tilde{A},\tilde{B}) = \frac{1}{2}[\tilde{A}\otimes\tilde{B} + (1-\tilde{A}\odot\tilde{B})] \tag{5-40}$$

式中：$\tilde{A}$ 为标准模糊集；$\tilde{B}$ 为样本模糊集；$\tilde{A}\otimes\tilde{B}=\underset{x\in X}{\vee}[\tilde{A}(x)\wedge\tilde{B}(x)]$ 为模糊集 $\tilde{A}$ 和模糊集 $\tilde{B}$ 的内积；$\tilde{A}\odot\tilde{B}=\underset{x\in X}{\wedge}[\tilde{A}(x)\vee\tilde{B}(x)]$ 为模糊集 $\tilde{A}$ 和模糊集 $\tilde{B}$ 的外积。

若模糊集 $\tilde{A}$ 和模糊集 $\tilde{B}$ 均采用正态型隶属函数，则综合式（5-41）和式（5-42）有

$$d(\tilde{A_i},\tilde{B}) = \frac{1}{2}\left[e^{-\left(\frac{\mu_i-\mu'}{\sigma_i+\sigma'}\right)^2} + 1\right] \tag{5-41}$$

针对故障模糊集与待诊断样本集，若存在 $\tilde{A_k}$，满足

$$d(\tilde{A_i},\tilde{B}) = \max_{1\leqslant i\leqslant n}\{d(\tilde{A_i},\tilde{B})\} \tag{5-42}$$

则称 $\tilde{B}$ 与 $\tilde{A_k}$ 最相近，根据择近原则，判定 $\tilde{B}$ 应属于 $\tilde{A_k}$，即发生第 k 类故障。类似地，实际应用中，为减少故障诊断的误判率，在应用择近原则判断之前，可预先设定阈值 $\delta\in[0,1]$，若 $\tilde{A_k}(t)\geqslant\delta$，则认为可以识别，按择近原则进行判断；若 $\tilde{A_k}(t)<\delta$，则认为依据该方法不能识别，需另作分析。

5.3.2 基于模糊集理论的 OLTC 典型机械故障诊断研究

图 5-13 所示为基于模糊集理论的 OLTC 典型机械故障诊断流程图。在根据 OLTC 振动信号相空间轮廓特征构建标准模糊集及样本模糊集时，关键是确定式（5-34）中正态型隶属函数的均值 μ 和方差 σ。通过对 OLTC 正常与典型机械故障下切换时振动信号进行多组测试，然后分别对多组振动信号进行相空间重构，提取 5 个轮廓系数的 DTW 值，进而计算其均值 μ 和方差 σ。

因 OLTC 振动信号经相空间重构后所提取的几何轮廓特征量为一个 5 维的特征向量，待识别样本与标准模糊集的贴近度计算结果亦为一个 5 维的贴近度序列，故在此引入熵权法确定特征量的权重，进而依据择近原则确定诊断结果。

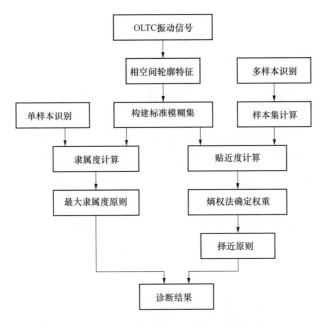

图 5-13　OLTC 典型机械故障诊断流程

　　熵权法是作为一种客观赋值法，可根据被测评过程中的实际数据得到，精度较高。计算过程如下：

　　（1）构建特征指标矩阵 $\boldsymbol{A}$，并对其进行标准化处理，得到矩阵 Y。

$$\boldsymbol{A} = \begin{bmatrix} \mu_{11} & \cdots & \mu_{1m} \\ \vdots & \vdots & \vdots \\ \mu_{n1} & \cdots & \mu_{nm} \end{bmatrix}_{n \times m} \tag{5-43}$$

其中，$n=9$，$m=5$。

　　（2）计算各个指标的信息熵，计算公式为

$$E_j = \frac{\sum\limits_{i=1}^{n} P_{ij} \ln P_{ij}}{\ln n} \quad j=1,2,\cdots,m \tag{5-44}$$

$$p_{ij} = Y_{ij} / \sum_{i=1}^{n} Y_{ij} \tag{5-45}$$

式中：Y_{ij} 为标准化后的特征指标；E_j 为指标的信息熵。

　　（3）确定各个指标的权重，计算公式为

$$w_j = \frac{1-E_j}{\sum\limits_{j=1}^{L} (1-E_j)} \tag{5-46}$$

式中：w_j 为权重。

5.3.3 结果分析

主要对 OLTC 静触头松动、弹簧储能不足（磨损 1 圈和 4 圈）、电弧静触头松动、连接推杆变形、弧形板松动、静触头模式和软连接松动共 8 种机械故障进行识别。仍以 OLTC 3-4 挡切换时测点 2 和测点 7 处的振动信号为例进行说明，因 OLTC 正常与典型机械故障下各个挡位切换时振动信号共有 10 组测试数据，故在建立模糊集时，取 7 组数据构建标准模糊集，其余 3 组数据为测试样本集。

表 5-7 和表 5-8 分别为 OLTC 正常与各种典型机械故障下依据各次振动信号测试结果计算得到的模糊集均值与方差，据此可构建标准模糊集。表 5-9 所示为 OLTC 振动信号特征量的权重计算结果。

表 5-7　　　　　　　　　测点 2 标准模糊集特征均值与方差

OLTC 状态		第一特征 DTW	第二特征 DTW	第三特征 DTW	第四特征 DTW	第五特征 DTW
正常	均值	10.80	1.51	221.30	11.76	30.59
	方差	0.71	0.09	5.69	0.10	1.40
静触头松动	均值	211.18	94.73	268.10	203.72	594.58
	方差	10.47	6.00	5.75	16.50	26.56
储能弹簧磨损 1 圈	均值	55.19	3.18	308.23	51.00	232.03
	方差	2.74	0.20	5.49	4.41	9.99
储能弹簧磨损 4 圈	均值	524.58	189.70	380.24	378.12	1302.03
	方差	24.52	10.73	8.07	31.58	58.42
电弧动触头松动	均值	48.90	4.59	636.30	42.60	352.23
	方差	2.24	0.28	13.54	3.56	15.76
连接推杆变形	均值	165.69	85.52	591.36	157.03	1280.17
	方差	7.82	5.17	12.65	12.83	54.83
弧形板松动	均值	35.05	2.52	334.39	44.91	33.13
	方差	1.75	0.15	7.00	3.43	1.54
静触头磨损	均值	217.72	129.13	318.17	187.66	831.08
	方差	10.64	8.14	6.73	15.94	36.43
软连接松动	均值	25.12	3.23	602.58	30.01	36.99
	方差	1.25	0.20	12.84	2.30	1.62

表 5-8　　　　　　　　　　　测点 7 标准模糊集特征均值与方差

工况		第一特征 DTW	第二特征 DTW	第三特征 DTW	第四特征 DTW	第五特征 DTW
正常	均值	57.66	10.53	654.96	65.55	108.33
	方差	3.72	1.49	21.52	1.55	6.19
静触头松动	均值	799.26	263.58	958.44	764.63	1815.46
	方差	38.60	22.63	21.75	60.15	96.12
储能弹簧磨损 1 圈	均值	200.63	37.69	1190.99	259.20	1185.14
	方差	10.99	1.90	20.82	16.95	36.89
储能弹簧磨损 4 圈	均值	1421.54	525.56	1062.46	963.20	2666.48
	方差	88.82	39.53	30.03	114.05	210.00
电弧动触头松动	均值	268.66	48.95	1371.65	286.16	1137.82
	方差	9.18	2.19	49.58	13.91	57.52
连接推杆变形	均值	507.14	267.35	1258.40	457.74	2052.14
	方差	29.14	19.65	46.41	47.06	197.19
弧形板松动	均值	156.80	25.97	1188.38	183.48	146.33
	方差	7.44	1.71	26.20	13.44	6.67
静触头磨损	均值	685.55	477.54	980.30	627.03	1206.81
	方差	39.22	30.27	25.22	58.16	131.40
软连接松动	均值	115.83	37.25	1352.04	149.30	137.93
	方差	5.64	1.88	47.07	9.40	6.98

表 5-9　　　　　　　　　　特 征 序 列 权 重

传感器位置	第一特征 DTW	第二特征 DTW	第三特征 DTW	第四特征 DTW	第五特征 DTW
测点 2	0.1701	0.2306	0.1983	0.1714	0.2296
测点 7	0.1918	0.2727	0.1307	0.1936	0.2112

　　设可识别阈值 $\lambda = 0.8$，分别对 OLTC 正常与 8 种机械故障下测点 2 和测点 7 处的振动信号的加权贴近度进行计算，结果见表 5-10。依据加权贴近度的计算结果及择近原则可见，对应于 OLTC 测点 2 与测点 7 处的振动信号，OLTC 在正常与 8 种典型机械故障下的识别可信度均较大，即具有良好的模式分类效果。

进一步，针对 OLTC 实测的 OLTC 正常与典型故障下 3-4 挡与 4-5 挡切换时的 40 组振动信号测试样本，运用已建立的隶属函数和模糊规则进行模糊推理和故障诊断，以对该诊断方法的有效性进行统计分析，结果分别见表 5-11 和表 5-12。由表 5-11 和表 5-12 可见，分类识别的成功率大都在 90% 以上，具有较好的诊断效果。

表 5-10 　　　　　　　　　　　　贴 近 度 计 算 结 果

OLTC 状态	测点	标准集								
		正常	静触头松动	弹簧磨损1圈	弹簧磨损4圈	电弧动触头松动	连接推杆变形	弧形板松动	静触头磨损	软连接松动
正常	测点2	0.896	0.567	0.599	0.514	0.523	0.537	0.608	0.535	0.573
	测点7	0.834	0.532	0.648	0.549	0.616	0.549	0.648	0.529	0.668
静触头松动	测点2	0.513	0.904	0.572	0.512	0.554	0.622	0.572	0.591	0.527
	测点7	0.523	0.891	0.534	0.537	0.527	0.538	0.565	0.516	0.527
弹簧磨损1圈	测点2	0.575	0.572	0.895	0.535	0.618	0.656	0.587	0.546	0.614
	测点7	0.638	0.541	0.835	0.576	0.548	0.602	0.622	0.619	0.627
弹簧磨损4圈	测点2	0.518	0.517	0.547	0.901	0.567	0.567	0.612	0.557	0.571
	测点7	0.524	0.571	0.612	0.887	0.6	0.6	0.598	0.536	0.539
电弧动触头松动	测点2	0.562	0.542	0.577	0.571	0.892	0.514	0.614	0.524	0.599
	测点7	0.611	0.578	0.521	0.555	0.833	0.605	0.535	0.557	0.545
连接推杆变形	测点2	0.568	0.564	0.573	0.595	0.572	0.895	0.515	0.518	0.578
	测点7	0.545	0.554	0.598	0.501	0.587	0.836	0.559	0.500	0.586
弧形板松动	测点2	0.554	0.567	0.612	0.517	0.591	0.574	0.899	0.581	0.581
	测点7	0.609	0.598	0.537	0.556	0.569	0.582	0.869	0.607	0.659
静触头松动	测点2	0.547	0.598	0.521	0.529	0.531	0.619	0.583	0.894	0.532
	测点7	0.688	0.601	0.620	0.577	0.679	0.659	0.606	0.852	0.669
软连接松动	测点2	0.535	0.517	0.591	0.573	0.565	0.577	0.618	0.534	0.889
	测点7	0.613	0.633	0.644	0.592	0.664	0.584	0.627	0.549	0.828

表 5-11 　　　　　　　　　　　测点 2 的模式识别统计结果

OLTC 状态	模式分类次数									识别率
	正常	静触头松动	弹簧1圈	弹簧4圈	电弧动触头	推杆变形	弧形板松动	静触头磨损	软连接松动	
正常	37						2		1	92.5%

续表

OLTC 状态	模式分类次数									识别率
	正常	静触头松动	弹簧1圈	弹簧4圈	电弧动触头	推杆变形	弧形板松动	静触头磨损	软连接松动	
静触头松动		36				1		3		90.0%
弹簧1圈	1		37				2			92.5%
弹簧4圈		2		38						95.0%
电弧动触头			1		37		1		1	92.5%
推杆变形		2				36		2		90.0%
弧形板松动	2		1				34		3	85.0%
静触头磨损		2		1	1			36		90.0%
软连接松动	1		2				2		35	87.5%

表 5-12　　　　　　　　　　　　测点 7 的模式识别统计结果

OLTC 状态	模式分类次数									识别率
	正常	静触头松动	弹簧1圈	弹簧4圈	电弧动触头	推杆变形	弧形板松动	静触头磨损	软连接松动	
正常	36		1				1		2	90.0%
静触头松动		35				3		2		87.5%
弹簧1圈			35				3		2	87.5%
弹簧4圈		2		37				1		92.5%
电弧动触头	1				36		1		2	90.0%
推杆变形		1		1		36		2		90.0%
弧形板松动	3						32		3	80.0%
静触头磨损		3				2		35		87.5%
软连接松动	2						3		35	87.5%

5.4　有载分接开关机械故障诊断方法汇总

在前述研究基础上，针对 OLTC 的外部与内部的典型机械故障，依据 OLTC 切换时振动信号与电动机电流的特征量描述指标、HMM 模型、决策树和模糊集理论，对 OLTC 的典型机械故障诊断流程进行了汇总，如图 5-14 所示。

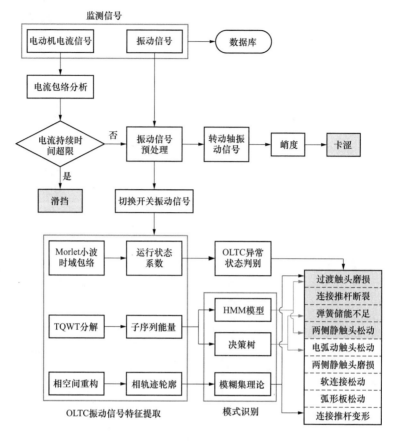

图 5-14　三种识别方法对 OLTC 典型机械故障的识别结果汇总

5.5　有载分接开关机械性能评估方法研究

现有变压器的各个部件（变压器主体、套管、分接开关等）评估方法大都是对其各项指标进行比对评判，根据评判结果对各项指标打分，记得得到各个部件的分值，最后综合所有部件的得分对变压器整体进行打分，通常也成为状态打分法。该方法操作简单，易于理解，不需要复杂的计算公式和训练过程，被广泛地应用于实际生产运维中。但分值规定、各项指标权重及综合评价方法受人为影响大，判定的结果很大程度上依赖于巡检人员的经验，因此该方法无法客观反映指标的重要性和表征变压器实际状态。除此之外，因变压器状态评估是一个复杂的系统，还有诸如神经网络、支持向量机、证据推理法、灰色系统和贝叶斯等智能评估方法，这些方法在一定程度上避免或降低了主观因素的干扰或影响，提高了评估结果的准确性。对 OLTC 来说，因其损坏或异常所引发的变压器损坏台数居高不下，且随着电网容量的增大呈现上升趋势，有必要研究 OLTC 的机械状态评估方法，及时发现其状态变化及存在的安全隐患，为状态检修的实施提供重要依据。

5.5.1　有载分接开关评估体系的建立原则

在建立评估指标体系时应当科学地、客观地、尽可能全面地考虑各种因素，包括用来表征系统特性和状态的主要因素及其相关变量。对重要的定性因素也要有恰当的指标反映其变化，尽可能避免评价结果的片面性。为了能够使得所选择的评估指标可以更全面、真实地反映变压器绕组的实际运行状态，状态指标选取应遵循如下原则：

（1）全面性原则：是指所选取的指标要全面，如果是多层次结构的指标体系，每个层次的状态要全面，同时单项状态所包含的指标要全面，确保能够准确反映变压器绕组真实状态的指标全部包含在指标体系中。

（2）科学性原则：是指在筛选指标时要依据科学理论，不能完全依赖主观因素进行选取，选取方法要得当，各个指标与单项状态量之间要具有逻辑关系，所构建的指标体系能够为状态评估提供方便，并且具有科学性。

（3）系统性原则：变压器 OLTC 是一个复杂的系统，在构建指标体系应遵循系统性原则。一个或者多个指标的异常可能会导致一种或者多种故障，一种故障会出现多个指标异常的现象，所以指标和故障是一种多对多的关系，因此在构建指标体系时要考虑系统性原则，不应该只是些零散的指标。

（4）精简性原则：构建指标体系的目的就是为变压器状态评估提供方便，若指标繁多，造成评估烦琐，不仅不能简化评估，还不能准确地评估，所以建立指标体系时既要考虑指标的全面性，又要考虑指标的精简性。

5.5.2　有载分接开关评估参量分析

主要包括三大类：振动信号特征指标、电流信号特征指标及台账信息等。分别描述如下：

（1）振动信号特征指标。

1）均方根值。均方根（Root mean square，RMS）值反映了振动信号平均能量的大小，当 OLTC 机械状态为正常时，从理论上讲，OLTC 切换时振动信号的均方根值应稳定在某一恒定值附近。记采集的振动信号时间序列为 $X = \{x_1, x_2, \cdots, x_N\}$，则均方根值的计算公式为

$$RMS = \sqrt{\frac{\sum_{i=1}^{N} x_i^2}{N}} \tag{5-47}$$

式中：N 为信号长度。

2）波段能量比。为进一步表征信号能量在时间轴上分布规律的差异，引入波段能量比 R_E，其计算方法为，根据正常工况下振动信号波峰的个数和分布位置，将振动信号划分为 k 段，使每一段信号子序列能够包含一个振动信号主波峰，称每段信号子序列为一个波段，记为 $X^{(1)}$，$X^{(2)}$，$\cdots$，$X^{(k)}$，计算每个波段能量占总能量的比例，计算公式为

$$R_E(i) = \frac{\sum\limits_{x \in X^{(i)}} x^2}{\sum\limits_{j=1}^{N} x_j^2}, i = 1, 2, \cdots, k \tag{5-48}$$

显然，在时间轴上合理位置分割信号，是计算 R_E 的关键，在此采用短时能量极小值法确定分割点。

3）波形包络相似度。波形包络相似度（Envelope similarity，ES）是指利用正常状态下测得的振动信号样本集，选取其中若干组求得包络线，作为参考包络，计算待评估信号的包络线与每个参考信号的相似度并求其均值，根据值的大小判断其机械状态，相似度越高，则认为信号对应工况越接近于正常，反之则认为状态劣化越严重。

通常采用 Hilbert 变换法计算 OLTC 振动信号的时域包络，其计算公式为

$$Z(k) = \begin{cases} y_k & k = 1 \\ 2y_k & k = 2, 3, \cdots, \dfrac{N}{2} \\ 0 & k = \dfrac{N}{2} + 1, \cdots, N \end{cases} \tag{5-49}$$

式中：$y_k (k = 1, 2, \cdots, N)$ 为振动信号时间序列为 $X = \{x_1, x_2, \cdots, x_N\}$ 的离散傅里叶变换。

对 Z 做离散傅里叶逆变换，得到 X 的解析信号 $z(n)$，其模值 $|z(n)|$ 即为信号包络线。通常情况下，ES 的取值范围为 0~1，其值越接近于 1，则表明相似度越高。

4）振动信号相点轨迹轮廓的 DTW，参见第 4 章。

5）振动信号的子序列能量，参见第 4 章。

6）振动信号峭度。当 OLTC 存在某些传动机构故障，如齿轮润滑不足、

传动轴轻微形变等情况时，驱动电动机启动后可能因此产生一些脉冲性质噪声，即在电动机启动后传动轴转动对应的振动信号有散毛刺出现，通过寻找合适的量化指标对振动信号的变化表征，可有效识别传动轴卡涩的机械故障。在此引入峭度 K 对传动轴转动对应的振动信号进行分析，计算公式为

$$K = \frac{1}{N_L} \sum_{i=1}^{N_L} \left[\frac{z(i) - \bar{z}}{\sigma} \right]^4 \qquad (5\text{-}50)$$

式中：$z(i)$ 为传动轴转动对应的振动信号；$\bar{z}$ 为振动信号均值；σ 为振动信号标准差。

峭度可有效表征信号的突变程度，其值始终为正。其中，平稳信号峭度值较小，而具有瞬态突变的信号峭度值大，对于含有毛刺的信号，其峭度应显著偏大，K 的大小可反映毛刺出现数量和明显程度等信息。

（2）电流信号特征指标。

1）电动机电流持续时间。OLTC 换挡操作时，电动机电流的持续时间可表征切换动作是否正常完成。当开关切换中断时，电流时间较正常缩短，而当限位装置失灵，出现滑挡故障时，电流持续时间则大大增加。

2）电动机电流包络面积。对电流信号求包络线，求其与坐标轴所围面积，其大小能够反映电流幅值的大小、切换的顺利程度、所受阻碍大小等信息。例如当机械传动受阻时，电动机为提供足够的转矩，电流势必增大，从而使包络面积随之增大。

（3）台账信息。OLTC 运行时的相关信息如运行时年限、例行检修项目情况等通常由运行人员记录于 OLTC 的运行台账中，故可将台账信息纳入状态评估体系。具体如下：

1）运行时长。由于电力设备通常随运行时间增加而逐渐出现劣化趋势，在持续运行年限达到制造厂家规定检修周期或分接开关运行维修导则建议检修周期时，应进行停电大修。基于此将每次大修后重新投入运行的时长作为指标，可在设备达到一定使用时间后给出状态预警信息。

2）累计切换次数。对 OLTC 而言，除运行时长外，不断切换的动作会使开关内部如触头、弹簧、螺栓等部件产生累积损耗，因此，切换次数是影响 OLTC 使用寿命的另一个重要的因素，根据 OLTC 制造厂家规定或维修导则建议的允许累计动作次数，设定适当的切换次数注意值，可对 OLTC 整体状态评估提供参考。

3）例行检修项目。例行检修项目一般是指在停电状态下，对 OLTC 的各

部分结构进行的完整性能检查与调试，例行检修项目的结果一般由运行人员根据标准或经验得出，其包含项目种类较多，如测量绝缘电阻、过渡电阻、触头接触电阻、触头接触力、油室内绝缘油击穿电压和含水量；检查开关紧固件是否松动、快速机构弹簧是否变形或断裂、触头有无过热及电弧烧伤痕迹等，此处不再进行罗列。

4）巡视检查项目。巡视检查项目是指在 OLTC 正常投运状态下，运行维护人员对开关进行的日常功能特性和健康状况检查。例如分接位置指示是否正确，储油柜油位和油色是否正常，操动机构箱内部清洁状况，有无潮气、渗油、接线端子接触是否良好、有无发热痕迹等。

5.5.3 基于贝叶斯概率理论的 OLTC 状态评估方法

贝叶斯理论是 18 世纪英国学者 Bayes 提出的一种概率统计学理论，在 20 世纪中后期得到了迅速发展，关键在于对先验信息的使用。贝叶斯理论中，先验信息是指主要来源于经验和历史统计资料的认识信息，发生在对新样本的采集与分析之前。它的核心是贝叶斯概率论，即通过考虑对事件发生与否有影响的条件事件的发生概率，从而得到更符合实际情况的对事件发生概率的估计。同时，还可以根据后验事件的发生概率对先验信息进行推算。贝叶斯概率论中一些相关的基本概念与定律如下：

1）先验概率。设 B_1，B_2，$\cdots$，B_n 为一组事件，先验概率指的是根据历史数据资料统计计算或者经验分析判断所确定的各个事件的发生概率 $P(B_i)$。

2）条件概率。对事件 A 和事件 B，在事件 B 已经发生的条件下，事件 A 发生的概率表示为 $P(A|B)$，称为 B 发生条件下 A 发生的条件概率。

3）后验概率。设已通过计算得到结果事件 A 后，再结合新的附加信息 B，对先验概率重新修正而得到的概率表示为 $P(B|A)$，易知后验概率属于条件概率中的一种情况。

4）联合概率。在多元概率分布中，多个随机变量共同发生（数学概念上的交集）的概率，设事件 A，B，其联合概率可表示为 $P(A, B)$ 或者 $P(AB)$。

5）全概率公式。设 B_1，B_2，$\cdots$，B_n 为一个完备事件组且都具有正概率，则复杂事件 A 发生的概率可转化表达为

$$P(A) = \sum_{i=1}^{n} P(B_i)P(A \mid B_i) \tag{5-51}$$

6）贝叶斯公式。设 B_1，B_2，$\cdots$，B_n 为一个完备事件组且都具有正概率，先验概率为 $P(B_i)$，新的附加信息为 $P(A|B_i)$，则后验概率为

$$P(B_i \mid A) = \frac{P(A \mid B_i)P(B_i)}{P(A)} = \frac{P(A \mid B_i)P(B_i)}{\sum\limits_{i=1}^{n} P(B_i)P(A \mid B_i)} \tag{5-52}$$

式（5-52）即为贝叶斯公式，又称为逆概率公式或后验概率公式。

一个贝叶斯网络是一个有向无环图（Directed Acyclic Graph，DAG），由代表变量节点及连接这些节点有向边构成。节点代表随机变量，节点间的有向边代表了节点间的互相关系（由父节点指向其子节点），用条件概率进行表达关系强度，没有父节点的用先验概率进行信息表达。节点变量可以是任何问题的抽象，如测试值、观测现象、意见征询等。适用于表达和分析不确定性和概率性的事件，应用于有条件地依赖多种控制因素的决策，可以从不完全、不精确或不确定的知识或信息中做出推理。使用贝叶斯网络必须知道各个状态之间相关的概率。得到这些参数的过程称为训练，训练贝叶斯网络要用一些已知的数据。即前文所提及的先验信息，一般来讲，先验信息越为丰富，贝叶斯网络的训练就越复杂，但准确性亦相应提高，贝叶斯网络能有效地进行多源信息表达与融合。贝叶斯网络可将故障诊断与维修决策相关的各种信息纳入网络结构中，按节点的方式统一进行处理，能有效地按信息的相关关系进行融合。贝叶斯分类器是以贝叶斯网络为基础的一种数据分类算法，且是各种分类器中分类错误概率最小或者在预先给定代价的情况下平均风险最小的分类器。其分类原理是通过某对象的先验概率，利用贝叶斯公式计算出其后验概率，即该对象属于某一类的概率，选择具有最大后验概率的类作为该对象所属的类。

（1）状态集的确定。状态集即对于待评估设备划分的不同状态等级以及对不同等级的评价方式。状态集的确定并无统一标准，一般应根据评估对象的具体状态特征进行合理划分。本章将 OLTC 状态分为三级，并采用目前应用最为广泛的百分制评估方案对每种状态进行分数范围制定。其对应关系如下：

1）正常状态，80～100 分；

2）轻微异常状态，50～80 分；

3）明显异常状态，0～50 分。

（2）OLTC 特征指标预警值的确定。对用于 OLTC 状态评估的特征指标，需要确定其异常状态对应的特征量预警值，才能够判别其状态劣化程度。综合 OLTC 正常与典型故障下、现场若干 OLTC 切换时振动信号与电流信号相关特征量的分析结果、OLTC 厂家建议值及现场运维人员的运行经验，本节所述 OLTC 各个特征指标的预警值见表 5-13。表 5-13 中，除 OLTC 相关台账信息特征指标之外，将相关特征量预警值均转换为相对于 OLTC 正常状态下的百分比。

另外，对组合型 OLTC 来说，建议对 OLTC 切换时同方向的特征指标进行比较。

（3）单项特征量评分函数。对单项特征量来说，可将获取的特征指标预警值与状态评分进行对应，确立评分函数。设某特征量预警值 c_w 转换为偏离正常工况的百分比为 r_w，对应的 OLTC 状态评分为 st，则对特征量 c_x，作转换得 r_x，其评分 s_x 为

$$s_x = \begin{cases} 100 - \dfrac{r_x}{r_w} \times (100 - st) \\ 0, \ if \ s_x < 0 \end{cases} \tag{5-53}$$

据此可将预警值与 OLTC 状态评分进行对应，其中，对于振动信号特征指标 FX1～FX5，st 取 30；对非振动信号特征指标 FX6，st 取 30，对 FX7 和 FX8 取 st 为 65；对台账信息特征指标 FX9～FX12，st 为 70，则当开关接近检修周期或巡检发现故障等情况时，可给出状态异常预警信息。

表 5-13   特 征 指 标 预 警 值

振动信号特征指标	符号标记	预警值	
		3-4 挡	4-5 挡
均方根值	FX1	40%	40%
波段能量比	FX2	38%	42%
波形包络相似度	FX3	60%	70%
轨迹轮廓的 DTW	FX4	70%	68%
TQWT 子序列能量	FX5	65%	55%
非振动信号特征指标	符号标记	预警值	
		3-4 挡	4-5 挡
电流持续时间	FX6	30%	30%
电流包络面积	FX7	65%	65%
峰前振动信号峭度	FX8	300%	300%
台账信息特征指标	符号标记	预警值	
运行时间	FX9	7 年	
累计切换次数	FX10	10 万次	
例行检修项目	FX11	由运维人员决定	
日常巡检项目	FX12	由运维人员决定	

（4）权重计算与评分综合。对一组测得的 OLTC 的待评估信号，利用前述步骤计算得到其各单项特征指标评分后，如何合理确定各项特征量评分权重，

使得最终得到的综合评分能够更好反映 OLTC 整体状态，是评估体系的又一重要内容，在此应用贝叶斯概率理论进行计算。

为确定各特征指标权重，首先利用贝叶斯概率计算单项特征量关联置信度，设 OLTC 状态集 $F=\{f_1, f_2, \cdots, f_n\}$，对应的评分范围集 $S=\{s_1, s_2, \cdots, s_n\}$，设状态等级 f_i 为后件，待评估信号的某一特征量评分 $s\in s_i$ 为前件，则条件概率为

$$P(f_i\,|\,s\in s_i)=\frac{P(f_i,s\in s_i)}{P(s\in s_i)}\tag{5-54}$$

其含义为当信号特征量评分位于某状态对应分数区间的情况下，信号属于该状态的概率。利用多组实测信号数据，对 OLTC 的每种状态计算贝叶斯概率，得到关联置信度为

$$r=\left[\sum_{i=1}^{n}P(f_i\,|\,s\in s_i)\right]/\,n\tag{5-55}$$

关联置信度越高，说明所选特征量评分越能够正确反映信号所属状态。

对于本节所提三类特征量，应分别考虑其评分，即对 OLTC 的评分结果应包含三项：振动信号特征指标评分、非振动信号特征指标评分和台账信息特征指标评分。对于每一项评分，设其包含特征量的种类数为 k，则其中的第 j 种特征量的综合关联置信度为

$$r_j'=r_j\,/\sum_{j=1}^{k}r_j,j=1,2,\cdots,k\tag{5-56}$$

式中：r_j 为第 j 种特征量的关联置信度。

特征量综合关联置信度表征其对应特征量在状态评估中的权重大小，其和为 1。

进一步结合变权重公式对评分进行调整，可得最终评分 u 为

$$\begin{cases}u=k\displaystyle\sum_{j=1}^{k}w_jr_j's_{(j)}\\[2mm]w_j=\dfrac{1\,/\,s_{(j)}}{\displaystyle\sum_{j=1}^{k}[1\,/\,s_{(j)}]}\end{cases}\tag{5-57}$$

式中：w_j 为权重调整因子；$s_{(j)}$ 为对应第 j 种特征量的单项评分。

此处，权重调整因子的作用是将评分较低的特征量对应分数权重增大，从而降低特征量对某种故障不敏感时导致的整体分数偏高，从而可能无法发现状态劣化的不利影响。

5.5.4 结果分析

为说明所提方法的有效性，以第 2 章中 OLTC 模型的部分典型机械故障为例进行说明。分析时所选取的 OLTC 状态及其所属的状态等级见表 5-14。根据 OLTC 切换时振动信号及电流信号的测试结果，可计算得到各个特征指标的关联置信度和综合关联置信度见表 5-15。其中，因试验用 OLTC 为新开关，可认为切换次数和运行时间均远小于限制值，即台账信息均为正常。简易起见，令四种台账信息特征指标评分均为 90，权重均为 0.25。由表 5-15 可见，不同特征量表征 OLTC 状态的置信度有所差异，但关联置信度均较为接近于 1，一定程度验证了指标选择和评分函数制定的合理性。

表 5-14   OLTC 模型工况与状态等级关系

工况名	所属状态等级
正常工况	正常
静触头松动	轻微异常
电弧动触头松动	轻微异常
储能弹簧力下降	明显异常
滑挡	明显异常
齿轮卡涩	轻微异常

表 5-15   特 征 指 标 置 信 度

指标所属类	特征指标	关联置信度	综合关联置信度
振动信号特征指标	均方根值	0.923	0.204
	波峰能量比	0.882	0.195
	包络相似度	0.954	0.211
	轨迹轮廓的 DTW	0.827	0.193
	子序列能量	0.853	0.189
非振动信号特征指标	电流持续时间	0.967	0.368
	电流包络面积	0.883	0.336
	峰前振动信号峭度	0.780	0.297
台账信息特征指标	运行时长	1	0.25
	累计切换次数	1	0.25
	例行检修项目	1	0.25
	日常巡检项目	1	0.25

限于篇幅，仍以 OLTC 3-4 挡和 4-5 挡切换时的振动信号与电流信号为例进行分析，所对应的各个指标评分表分别见表 5-16 和表 5-17，表 5-18 为综合评分表。由表 5-16～表 5-18 可见，振动信号的各个指标评分能够较好地与所选工况中开关内部故障程度形成匹配，非振动信号指标则能反映电动机构等附属结构的状态好坏，其中，滑挡时由于电流持续时间 FX6 大大超出预警值，故得到其状态评分为 0，即出现滑挡时应立即停机检修。显然，综合评分表能够准确表征 OLTC 的综合状态水平，从而可为 OLTC 状态维修策略的开展提供重要参考。

表 5-16　　　　　　　　　　指标评分表（3-4 挡）

项目	正常	静触头	动触头	弹簧	卡涩	少油	滑挡
FX1	90.88	72.85	75.71	31.62	83.31	83.08	86.38
FX2	91.40	66.86	66.13	31.43	92.59	77.96	90.61
FX3	89.56	69.79	68.31	37.96	88.59	84.61	86.46
FX4	83.72	70.61	55.32	35.79	83.04	85.77	89.46
FX5	86.76	60.37	70.10	30.54	97.51	91.15	85.09
FX6	97.88	97.00	99.04	96.92	85.93	83.32	0
FX7	98.40	95.69	96.14	98.15	64.71	62.30	59.12
FX8	89.56	89.26	89.89	91.75	64.05	74.77	88.03
FX9	90.00	90.00	90.00	90.00	90.00	90.00	90.00
FX10	90.00	90.00	90.00	90.00	90.00	90.00	90.00
FX11	90.00	90.00	90.00	90.00	90.00	90.00	90.00
FX12	90.00	90.00	90.00	90.00	90.00	90.00	90.00

表 5-17　　　　　　　　　　指标评分表（4-5 挡）

项目	正常	静触头	动触头	弹簧	卡涩	少油	滑挡
FX1	93.99	65.81	66.12	30.05	90.05	86.07	91.76
FX2	90.31	73.66	68.85	28.16	91.30	90.84	93.24
FX3	93.88	69.27	78.03	30.93	91.67	89.34	82.07
FX4	92.64	70.22	69.10	32.89	89.52	75.74	94.94
FX5	94.10	71.33	68.40	33.21	88.96	85.86	89.99
FX6	99.00	95.55	98.95	99.39	86.89	88.43	0
FX7	98.76	98.53	99.79	98.54	65.02	69.25	58.16
FX8	93.24	93.46	89.29	96.21	61.92	68.73	90.93
FX9	90.00	90.00	90.00	90.00	90.00	90.00	90.00

续表

项目	正常	静触头	动触头	弹簧	卡涩	少油	滑挡
FX10	90.00	90.00	90.00	90.00	90.00	90.00	90.00
FX11	90.00	90.00	90.00	90.00	90.00	90.00	90.00
FX12	90.00	90.00	90.00	90.00	90.00	90.00	90.00

表 5-18　　　　综 合 评 分 表

挡位	3-4 挡				
工况	振动特征量评分	非振动特征量评分	台账信息评分	整体综合评分	状态评定
正常	88.48	97.09	90.00	88.48	正常
静触头	68.21	95.52	90.00	68.21	轻微异常
动触头	67.22	96.73	90.00	67.22	轻微异常
弹簧	33.55	96.80	90.00	33.55	明显异常
卡涩	88.89	71.32	90.00	71.32	轻微异常
滑挡	87.54	0	90.00	0	明显异常
挡位	4-5 挡				
工况	振动特征量评分	非振动特征量评分	台账信息评分	整体综合评分	状态评定
正常	93.03	97.05	90.00	90.00	正常
静触头	69.97	95.96	90.00	69.97	轻微异常
动触头	70.39	96.13	90.00	70.39	轻微异常
弹簧	31.03	98.05	90.00	31.03	明显异常
卡涩	90.35	70.84	90.00	70.84	轻微异常
滑挡	90.07	0	90.00	0	明显异常

5.6　基于振动特性的有载分接开关状态评价和状态检修策略

5.6.1　基于振动特性的有载分接开关状态评价

如图 5-15 所示，根据变压器有载分接开关的振动特征判断有载分接开关是否存在机械故障隐患，当有载分接开关发生机械故障隐患后，其振动能量曲线、时间特征参量、幅度特征参量将发生变化。基于振动特征的变压器有载分接开关故障诊断的方法是，根据测得的诊断数据，计算待诊断带电振动能量曲线与原始带电振动能量曲线，计算两条曲线的相关系数，进而计算待诊断带电振动特征参量与原始带电振动特征参量的幅度差,通过相关系数及幅度差值的大小,参照量化诊断评判标准判断有载分接开关是否存在故障,如需进一步确认该判断是否准确,则计算待诊断离线振动能量曲线与原始离线振动能量曲线,计算该两条曲线的相关系数,计算待诊断离线振动特征参量与原始离线振动特征参量的幅度差,再通过相关系数及幅度差值的大小,参照量化诊断评判标准判断有载分接开关是否存在故障,并以该诊断为最终诊断结论。其具体步骤如下:

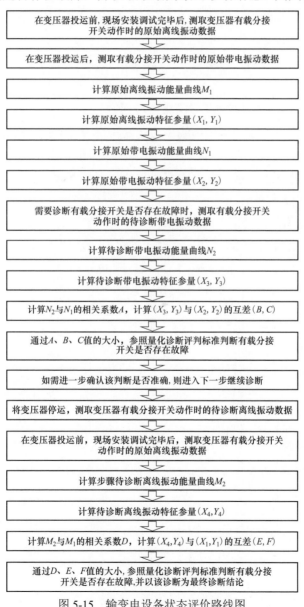

图 5-15　输变电设备状态评价路线图

（1）在变压器投运前，现场安装调试完毕后，在变压器离线（即不带电）的状态下，经现有设备测取变压器有载分接开关动作时的振动数据，并将该振动数据定义为原始离线振动数据。

（2）在变压器投运后，在带电状态下，再经现有设备测取有载分接开关动作时的振动数据，并将该振动数据定义为原始带电振动。

（3）计算步骤（1）中测取的原始离线振动数据的能量曲线，并将该能量曲线定义为原始离线振动能量曲线 M_1，该原始离线振动能量曲线 M_1 的计算方法为：

设原始离线振动数据的数据序列为 $x(n)$，能量曲线数据为 $S(n)$，则

$$S(n) = x^2(n)w(3000) \tag{5-58}$$

式中：$w(3000)$ 为窗长为 3000 的汉明窗序列。

（4）计算步骤（3）中原始离线振动能量曲线 M_1 的时间特征参量 X_1 和幅度特征参量 Y_1，并定义该时间特征参量 X_1 和幅度特征参量 Y_1 为有载分接开关的原始离线振动特征参量 $(X_1，Y_1)$。其中，幅度特征参量 Y_1 为原始离线振动能量曲线 M_1 的最大幅值。

如图 5-16 所示，时间特征参量 X_1 的计算方法为 $X_1 = T_{11} - T_{10}$，其中 T_{11} 为原始离线振动能量曲线 M_1 最大幅值点对应的时间，T_{10} 为原始离线振动能量曲线 M_1 从左到右开始变大的时间。

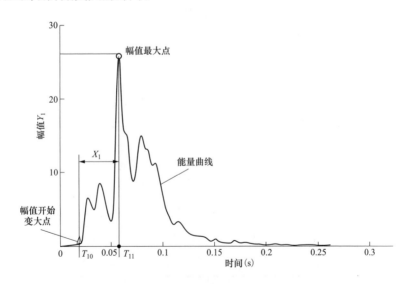

图 5-16　输变电设备状态评价路线图

（5）计算步骤（2）中测取的原始带电振动数据的能量曲线，并将该能量

曲线定义为原始带电振动能量曲线 N_1，其计算方法与步骤（3）中计算原始离线振动能量曲线 M_1 的方法相同。

（6）计算步骤（5）中原始带电振动能量曲线 N_1 的时间特征参量 X_2 和幅度特征参量 Y_2，并定义该时间特征参量 X_2 和幅度特征参量 Y_2 为有载分接开关的原始带电振动特征参量 (X_2, Y_2)，其中，Y_2 为原始带电振动能量曲线 N_1 的最大幅值，时间特征参量 X_2 的计算方法与步骤（4）中计算时间特征参量 X_1 的方法相同。

（7）变压器运行一段时间后需要诊断有载分接开关是否存在故障时，在变压器带电的状态下，在与步骤（2）相同的测试条件下，经现有设备测取有载分接开关动作时的振动数据，并将该数据定义为待诊断带电振动数据。

（8）计算步骤（7）中测取的待诊断带电振动数据的能量曲线，并将该能量曲线定义为待诊断带电振动能量曲线 N_2，计算方法与步骤（3）中计算原始离线振动能量曲线 M_1 的方法相同。

（9）计算步骤（8）中待诊断带电振动能量曲线的时间特征参量 X_3 和幅度特征参量 Y_3，并定义该时间特征参量 X_3 和幅度特征参量 Y_3 为有载分接开关的待诊断带电振动特征参量 (X_3, Y_3)，幅度特征参量 Y_3 为待诊断带电振动能量曲线 N_2 的最大幅值，时间特征参量 X_3 的计算方法与步骤（4）中计算时间特征参量 X_1 的方法相同。

（10）计算待诊断带电振动能量曲线 N_2 与原始带电振动能量曲线 N_1 的相关系数 A，并计算待诊断带电振动特征参量 (X_3, Y_3) 与原始带电振动特征参量 (X_2, Y_2) 的幅度差 (B, C)。

其中相关系数 A 的计算：

设待诊断带电振动能量曲线 N_2 与原始带电振动能量曲线 N_1 的数据序列为 $Y(k)$ 和 $X(k)$，N 为数据序列的长度，则相关系数 A 按照下列公式计算：

两个序列 $Y(k)$ 和 $X(k)$ 的标准方差 D_x 和 D_y 为

$$\begin{cases} D_x = \dfrac{1}{N}\sum_{k=0}^{N-1}[X(k) - \dfrac{1}{N}\sum_{k=0}^{N-1}X(k)]^2 \\ D_y = \dfrac{1}{N}\sum_{k=0}^{N-1}[Y(k) - \dfrac{1}{N}\sum_{k=0}^{N-1}Y(k)]^2 \end{cases} \quad (5\text{-}59)$$

两个序列 $Y(k)$ 和 $X(k)$ 的协方差 C_{xy} 为

$$C_{xy} = \dfrac{1}{N}\sum_{k=0}^{N-1}[X(k) - \dfrac{1}{N}\sum_{k=0}^{N-1}X(k)] \times [Y(k) - \dfrac{1}{N}\sum_{k=0}^{N-1}Y(k)] \quad (5\text{-}60)$$

由式（5-59）和式（5-60）得到两个序列的归一化协方差 LR_{xy} 为

$$LR_{xy} = C_{xy} / \sqrt{D_x D_y} \tag{5-61}$$

由式（5-61）得到相关系数 A 为

$$A = \begin{cases} 10 & 1 - LR_{xy} < 10^{-10} \\ -\lg(1 - LR_{xy}) & \text{其他} \end{cases} \tag{5-62}$$

幅度差（B，C）的计算方法为

$$\begin{cases} B = (X_3 - X_2)/\max(X_3 - X_2) \times 100\% \\ C = (Y_3 - Y_2)/\max(Y_3 - Y_2) \times 100\% \end{cases} \tag{5-63}$$

（11）通过步骤（10）中相关系统 A 和幅度差 B、C 值的大小，根据量化诊断评判标准判断有载分接开关是否存在故障。

其中，量化诊断评判标准：如果 $A < 0.5$ 或 $B > 15\%$ 或 $C > 45\%$，则诊断为有载分接开关存在明显故障；如果 $A \geq 0.7$ 且 $B \leq 5\%$ 且 $C \leq 15\%$，则诊断为有载分接开关基本正常；如果 A、B、C 前两种条件均不满足，则诊断为有载分接开关可能存在故障，如需进一步确认该判断是否准确，则进入下一步继续诊断。

（12）将变压器停运，在变压器离线（即不带电）的状态下，经现有设备测取变压器有载分接开关动作时的振动数据，并将该数据定义为待诊断离线振动数据。

（13）计算步骤（12）中测取的待诊断离线振动数据的能量曲线，并将该能量曲线定义为待诊断离线振动能量曲线 M_2，计算方法与步骤（3）中计算原始离线振动能量曲线 M_1 的方法相同。

（14）计算步骤（13）中待诊断离线振动能量曲线 M_2 的时间特征参量 X_4 和幅度特征参量 Y_4，并定义该时间特征参量 X_4 和幅度特征参量 Y_4 为有载分接开关的待诊断离线振动特征参量（X_4，Y_4），幅度特征参量 Y_4 为待诊断离线振动能量曲线 M_2 的最大幅值，时间特征参量 X_4 计算方法与步骤（4）中计算时间特征参量 X_1 的方法相同。

（15）计算待诊断离线振动能量曲线 M_2 与原始离线振动能量曲线 M_1 的相关系数 D，计算待诊断离线振动特征参量（X_4，Y_4）与原始离线振动特征参量（X_1，Y_1）的幅度差（E，F），相关系数 D 的计算方法与步骤（10）中相关系数 A 的计算方法相同。

幅度差（E，F）为

$$\begin{cases} E = (X_4 - X_1)/\max(X_4 - X_1) \times 100\% \\ F = (Y_4 - Y_1)/\max(Y_4 - Y_1) \times 100\% \end{cases} \tag{5-64}$$

（16）通过步骤（15）中相关系统 D 和幅度差 E、F 值的大小，根据量化诊断评判标准判断有载分接开关是否存在故障，量化诊断评判标准：如果 $D < 0.5$

或 $E>15\%$ 或 $F>45\%$，则诊断为有载分接开关存在明显故障；如果 $D\geq0.7$ 且 $E\leq5\%$ 且 $F\leq15\%$，则诊断为有载分接开关基本正常；如果 D、E、F 前两种条件均不满足，则诊断为有载分接开关可能存在故障，得到最终诊断结论。

5.6.2　基于振动特性的有载分接开关状态检修策略

在有载开关投运之前，关于该台变压器的所有资料都应该齐全，且均有电子版资料，而该电子版资料不仅运行单位要存档备份，而且制造厂和施工调试单位也要有相同的资料，可供相关人员随时随地进行方便查阅，甚至包括有载分接开关的所有零部件供应商及零部件的信息资料。CALS 系统的推广使用要求生产厂家必须提供该平台，以便有效降低运行维护成本。

以 M 型有载开关为例，Ⅲ300-600 型在额定电流下变换 50000～80000 次，或 5～6 年，然而实际对于有载分接开关来说，影响其使用寿命的往往与各种类型的过电压、并列运行的环流、变压器的各种短路故障、系统的谐波等均有关系，再加上无功优化系统的运行，个别地区昼夜负荷变化极大，往往运行不到一两年就会产生轻瓦斯动作，如果处理不好往往造成有载分接开关爆炸事故，笔者就经历过数台有载分接开关爆炸事故，其停电检修后运行均不超过 2 年。所以，有载开关设计使用寿命实际上只是一个良好的愿望，要想实现这个愿望无疑需投入巨大的检修维护成本。

这是设备评价特别是国网公司 PMS 系统中的设备评价,确定设备状态最常用的评估状态量，其基本上可以分为两类，其中一类为诊断性试验和周期性例行试验发现的，另一类就是正常运行发现的。通过不同的权重体现出不同状态量对变压器状态的影响，没有专门对有载分接开关的检修策略制定。

变压器有载分接开关的 LCC 计算模型：LCC=CI+CO+CM+CF+CP；其中 CO CM 为运行维护成本；CF 为故障成本；CP 退役处置成本；CI 为初始购置安装调试成本。

按年计算，以一座 110kV 变电站 2 台 110kV 主变压器（容量为 31.5MVA）无人值班变电站为例，CO CM 运行维护成本组成见表 5-19。

表 5-19　　　　　　　　　　CO CM 运行维护成本　　　　　　　　　万元

费用名称	单价	合计
正常巡视	0.0820	2.976
检修巡视	0.0820	0.164
不停电检测（红外测温，油简化耐压）	0.1236	0.247

续表

费用名称	单价	合计
缺陷处理不停电	0.0820	0.246
定期停电检修（换油清洗）	0.8820	1.146
合计	4.78	9.56

　　而如果产生不是预期的停电检修作业的话，比如有载调压开关轻瓦斯动作或更为严重的故障，则其 CF 值将在 2.97 万～15 万元之间，这样按《输变电设备状态检修试验规程》（Q/GDW 168—2008）规定的基准周期 CF 远大于 CM。

　　当然有载开关毕竟是变压器的一个组成部分，一个部件而已，但由于其故障占变压器故障约 40%，所以不可小视，这就要在二者之间寻找一个平衡点，但对于调压频繁，运行工况恶劣的情况下，有载开关的检修策略的制定，显然不能受主变压器本身的限制。可见根据成本费用分析，显然执行 3 年以上的例行试验周期风险很大且成本费用不合理。这个的确是有前提条件的。

5.7　本　章　小　结

　　（1）使用 HMM 对不同测点、不同工况及不同故障程度下的 OLTC 振动信号分析结果可见，所建立的 HMM 库能够较为准确地判断 OLTC 的不同运行状态，且对 OLTC 同一故障的不同程度的识别准确率可达 95%以上。

　　（2）通过求取 OLTC 振动信号子序列能量的 GINI 系数，可获得最优决策树。该决策树以典型维数的特征值作为分支判据，并根据不同的分裂值可实现对不同工况的准确识别，正确率达 100%。

　　（3）基于模糊集理论的模式识别方法，依据 OLTC 振动信号相轨迹轮廓序列的 DTW 建立模糊库，依据贴进度实现对模糊库与待识别样本的模式匹配，分类识别的成功率大都在 90%以上，具有较好的诊断效果。

　　（4）基于评分函数及贝叶斯概率理论的 OLTC 机械性能评估方法，综合了振动信号特征指标、电流信号特征指标及台账信息等因素，依据设定的正常、轻微异常、明显异常三种状态对 OLTC 机械性能进行综合评分，具有较高的准确率。

　　（5）在提出根据变压器有载分接开关的振动特征判断有载分接开关是否存在机械故障隐患，当有载分接开关发生机械故障隐患后，其振动能量曲线、时间特征变量、幅度特征参量将发生变化。在诊断判据的基础上，探讨了基于全寿命周期的变压器有载分接开关检修策略。

第 6 章 有载分接开关的典型振动特征数据库

6.1 油灭弧有载分接开关振动特性测试

6.1.1 测试描述

测试地点为江南变电站，测试对象为 SZ10-50000/110 型 1 号主变压器和 2 号主变压器用的 OLTC，型号均为 MⅢ350Y-72.5/B-10193G。由 OLTC 的铭牌参数可知，该类 OLTC 的型号为 M 型，最大额定通过电流为 350A，连接方式为三相 Y 接，最高设备电压为 72.5kV，分接选择器绝缘等级为 B。对应分接选择器有 10 个分布触头，最大工作分接位置数为 19，中间位置数为 3，转换选择器为带粗细选择器的形式。图 6-1 所示为 M 型组合式 OLTC 切换开关与选择开关的示意图。

测试内容是分别采集不带电 1 号主变压器、带电 2 号主变压器 M 型 OLTC 部分挡位切换过程中的振动信号，并进行 OLTC 的振动特性对比分析。试验选用 4 路 PCB 加速度传感器（灵敏度为 10mV/g）采集 OLTC 振动信号，将传感器 1、2 布置于传动轴处变压器箱壁，传感器 4、5 布置于主变压器低压侧 a 相附近箱壁，传感器放置示意图如图 6-2 所示。

图 6-1　M 型 OLTC 切换开关
与选择开关示意图

图 6-3～图 6-6 分别为 1 号主变压器和 2 号主变压器 5-6 挡和 6-5 挡切换时各个测点处的振动信号时域波形。由图 6-3～图 6-6 可见，不同测点处的 OLTC 振动信号存在一定差异，靠近 OLTC 转动轴的测点 1、测点 2 振动信号幅值相比于测点 4、测点 5 处的振动信号幅值明显更大。此外，因 2 号主变压器为运行中的变压器，其 OLTC

切换时箱壁测点处的振动信号中含有一定的变压器本体振动信号。

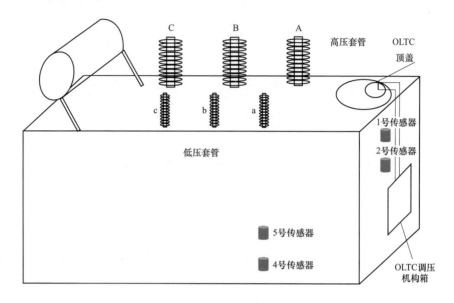

图 6-2 振动传感器位置示意图

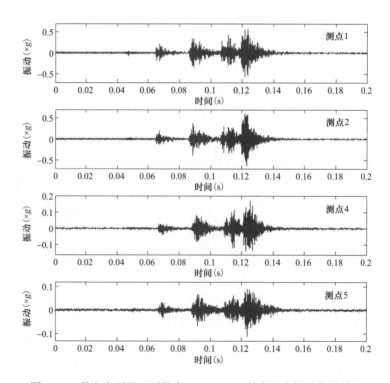

图 6-3 1 号主变压器（不带电）OLTC 5-6 挡各测点振动信号波形

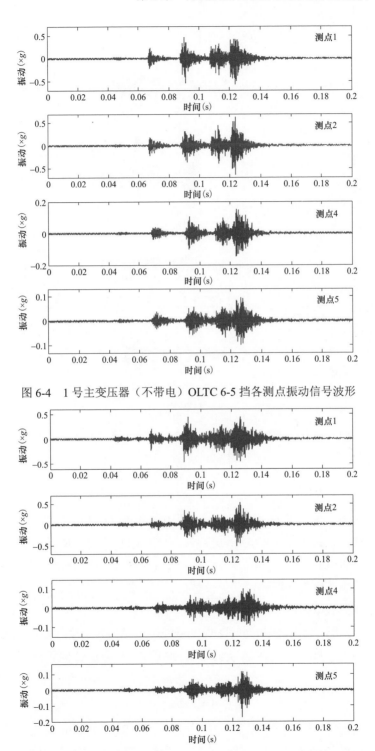

图 6-4　1 号主变压器（不带电）OLTC 6-5 挡各测点振动信号波形

图 6-5　2 号主变压器（带电）OLTC 5-6 挡各测点振动信号波形

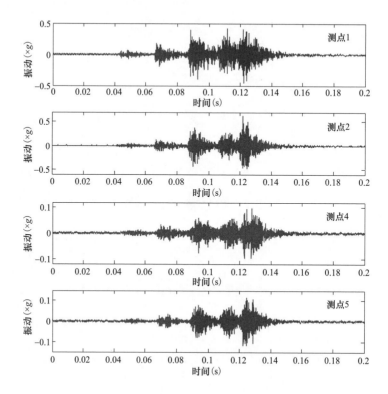

图 6-6　2 号主变压器（带电）OLTC 6-5 挡各测点振动信号波形

6.1.2　结果分析

（1）振动信号降噪方法研究。因运行中的变压器的 OLTC 切换时的振动信号中会含有一定的变压器本体振动信号，其中，变压器本体振动主要由铁芯振动和绕组振动组成，其振动信号的频谱分量主要为 100Hz 分量及其倍频，故在此采用基于能量比判据循环奇异值分解的信号分离方法对在运变压器 OLTC 带电切换过程中的振动信号进行降噪处理。

奇异值分解（Singular Value Decomposition，SVD）是矩阵分析中正规矩阵对角化的推广，在信号处理、统计学等领域有重要应用。假设 A 是一个 $m×n$ 阶矩阵，则存在一个分解

$$A = U\varSigma V^{\mathrm{T}} \tag{6-1}$$

式中：U 为 $m×m$ 阶正交矩阵；$\varSigma$ 为半正定 $m×n$ 阶对角矩阵，$\varSigma$ 对角线上的元素即为矩阵 A 的奇异值；V^{T} 为矩阵 V 的转置，为 $n×n$ 阶正交矩阵。

通常将奇异值降序排列，称 U 的列向量为 A 的左奇异向量，而 V 的列向量则为 A 的右奇异向量。

矩阵 U、Σ、V 的计算方法如下：将矩阵 A 的转置和矩阵 A 做矩阵乘法，得到 $n×n$ 的一个方阵 $A^{\mathrm{T}}A$。因 $A^{\mathrm{T}}A$ 是方阵，所以可以进行特征值分解，得到的特征值和特征向量满足如下关系式，为

$$(A^{\mathrm{T}}A)v_i = \lambda_i v_i \tag{6-2}$$

据此可得到矩阵 $A^{\mathrm{T}}A$ 的 n 个特征值和对应的 n 个特征向量 v，这些所有特征向量组成的矩阵 V 即为式（6-1）中的 V 矩阵。

类似地，可得到 $m×m$ 方阵 AA^{T} 的特征值和特征向量满足如下关系式，为

$$(AA^{\mathrm{T}})u_i = \lambda_i u_i \tag{6-3}$$

据此得到矩阵 AA^{T} 的 m 个特征值和对应的 m 个特征向量 u，这些所有特征向量组成的矩阵 U 即为式（6-1）中的 U 矩阵。

又由 $A^{\mathrm{T}} = V\Sigma^{\mathrm{T}}U^{\mathrm{T}}$，得

$$A^{\mathrm{T}}A = V\Sigma^{\mathrm{T}}U^{\mathrm{T}}U\Sigma V^{\mathrm{T}} = V\Sigma^2 V^{\mathrm{T}} \tag{6-4}$$

所以 Σ 中元素可以由方阵 $A^{\mathrm{T}}A$（或 AA^{T}）的特征值开方获得，由此可求得 SVD 公式中的 Σ 矩阵以及奇异值 $\sigma_i, i = 1, 2, \cdots, m$，为

$$\Sigma_{m×n} = \begin{bmatrix} \sigma_1 & \cdots & 0 & 0 & \cdots & 0 \\ \vdots & \ddots & \vdots & \vdots & \ddots & \vdots \\ 0 & \cdots & \sigma_m & 0 & \cdots & 0 \end{bmatrix} \tag{6-5}$$

$$\sigma_i = \sqrt{\lambda_i}$$

通常有序信号的奇异值呈现的规律：前几个奇异值数值较大，后面的则接近于 0，而高斯性较强的噪声信号，奇异值大小差异就较小，一般来讲，根据测量信号构造高维数据矩阵，对矩阵进行奇异值分解，选取较大的几个奇异值重构信号，即可将所需信号从背景噪声中分离出来。

奇异值分解降噪方法中，奇异值的选取是最为关键的问题。选取数目过少，则信号信息丢失过多，选取数目过多，则噪声无法得到有效抑制。除此以外，还存在奇异值选取不当的问题，常规方法一般选取奇异值的前若干个，即较大的若干个重构信号，但事实上，较大的奇异值对应的奇异向量并不一定能够反映想要分离的信号的特征，即形状与主体信号差异较大，因而可能使重构信号波形畸变，使信噪比不升反降，无法满足实际需求。同时，为使分解能够分离出合适的信息，对奇异值分解的个数，即由一维测量数据升维的维数也有一定

要求，维数过少，对信号信息分离就太粗糙，而维数过多则造成信息冗余，计算量也加大，根据经验，设截取的信号长度为 n，则可取奇异值个数 $m = [k\sqrt{n}]$，$k = 0.2\sim0.5$，"[ ]" 为取整符号。

以图 6-4 中 OLTC 6-5 挡切换时测点 4 处的振动信号为例进行说明。为便于观察，设定一种对测量信号的截取原则：使 OLTC 振动波峰的出现与结束占据截取信号中间约 50% 的长度，前后各保留约总长 25% 的本体信号，作为计算用信号。按此方法，本示例信号截取时间长度为 0.25s，则因采样频率为 50kHz，可根据经验公式设分解奇异值数目 m 为 40（可适当调节），通常构造 Hankel 矩阵对信号进行升维，若截取的振动信号 x 长度为 n，则 Hankel 矩阵为

$$M = \begin{bmatrix} x(1) & x(2) & \dots & x(n-m+1) \\ x(2) & x(3) & \dots & x(n-m+2) \\ \vdots & \vdots & \vdots & \vdots \\ x(m) & x(m+1) & \dots & x(n) \end{bmatrix} \tag{6-6}$$

对 M 进行奇异值分解，得到其奇异值分布如图 6-7 所示。由图 6-7 可见，OLTC 切换时振动信号奇异值分布大致符合奇异值分解规律，即前面一些奇异值数值较大，后面一部分则接近于 0，但并未呈现明显的、易于选取的分布特性，难以直接确定应当舍弃哪些值，且当设定的奇异值个数改变时，分布图亦随之改变，若用常规方法选取前若干个奇异值，得到的结果难以保证可靠性。而且，往往较大的奇异值对应的右奇异向量包含的噪声比较小的奇异值包含的更大，这进一步增加了奇异值选取的难度，同时，一次重构损失的信息可能比较严重，基于以上问题，提出一种基于能量比判据的循环奇异值分解信号分离方法。算法流程如图 6-8 所示。

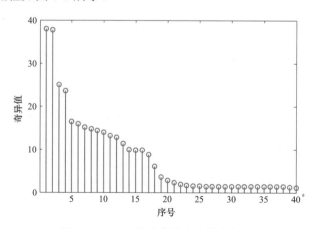

图 6-7　OLTC 振动信号奇异值分布图

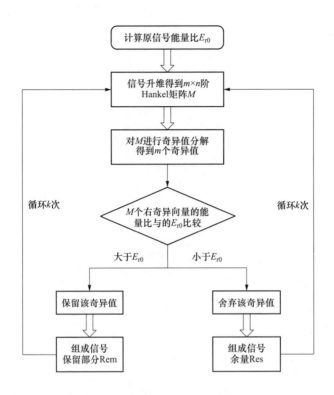

图 6-8　基于能量比判据的循环奇异值分解信号分离方法算法

　　本方法的优势在于，根据能量比自适应选取保留的奇异值，并利用循环分解，尽量保留了奇异值分解产生的有用信息，同时对噪声进行了多次滤除，使 OLTC 振动信号能够较好地从诸如变压器本体振动信号、背景噪声等信号中分离出来。

　　以 2 号主变压器 OLTC 切换时的振动信号为例进行分析。为表征所提算法的分离效果，引入能量分散度 D 表征 OLTC 切换时振动信号的分离效果，其中，D_{50} 和 D_{95} 分别表示占据信号能量 50%和 95%所需的振动信号点数占总点数的百分比。能量分散度越大，说明信号的能量越趋于分布在整个波形，反之，则说明信号能量越集中于振动波峰。显然，分离前由于本体信号和背景噪声包含了一定能量，故能量分散度应较大。

　　图 6-9 所示为 OLTC 6-5 挡切换时测点 4 和测点 5 处振动信号的分离结果。图 6-10 所示为 OLTC 5-6 挡切换时测点 4 和测点 5 处振动信号的分离结果。计算时，取循环分解次数为 3。表 6-1 为 OLTC 切换时振动信号分离前后的能量

分散度计算结果。由图 6-9、图 6-10、表 6-1 可见，本节所提方法可以较好地将 OLTC 振动信号分离出来，且分离信号的能量分散度有显著下降，说明背景噪声得到了有效抑制，即 OLTC 振动信号从测得信号中较好地分离了出来。

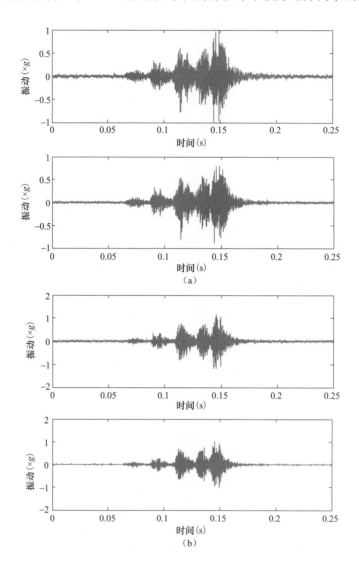

图 6-9 OLTC 6-5 挡切换时振动信号的分离结果

（a）测点 4；（b）测点 5

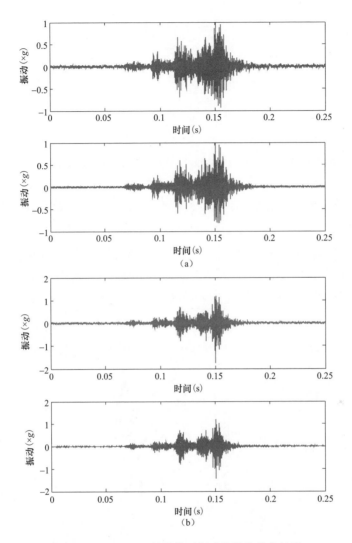

图 6-10　OLTC 5-6 挡切换时振动信号的分离结果

（a）测点 4；（b）测点 5

表 6-1		OLTC 振动信号分离前后能量分散度	
挡位测点	振动信号	D_{50}	D_{90}
6-5 挡测点 4	原信号	8.89%	57.94%
	分离信号	8.02%	49.76%
6-5 挡测点 5	原信号	7.38%	56.78%
	分离信号	6.15%	44.38%

续表

挡位测点	振动信号	D_{50}	D_{90}
5-6 挡测点 4	原信号	8.47%	57.78%
	分离信号	7.33%	47.01%
5-6 挡测点 5	原信号	7.82%	59.24%
	分离信号	6.61%	50.16%

同时，定义能量相似度 S 来评估所提方法对 OLTC 切换时振动信号波形信息的保留程度，其计算方法：取宽度约为截取信号长度的 1%～1.5%、高度为 1 的矩形窗，分别与分离前后信号幅值序列做卷积，称其为卷积包络，取卷积包络中间 60%长度，计算相关系数，此相关系数即为 S。采用本定义方法，避免了因信号数据的弱连续性导致直接计算分离前后相关系数不可靠的缺点。例如取窗宽度为 100，对 OLTC 6-5 挡和 5-6 挡切换时测点 4 处振动信号分离前后的幅值序列进行卷积，取结果中间 60%长度，结果分别如图 6-11 和图 6-12 所示。

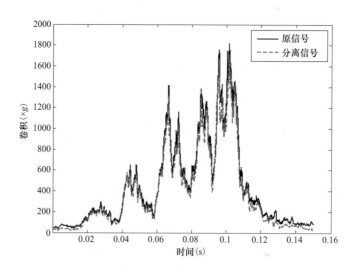

图 6-11　6-5 挡 OLTC 振动信号分离前后卷积包络对比

表 6-2 为 OLTC 6-5 挡和 5-6 挡切换时测点 4 和测点 6 处分离后的振动信号能量相似度 S 的计算结果。由图 6-11、图 6-12、表 6-2 可见，4 组信号能量相似度均接近于 1，说明分离算法在削弱噪声的同时对波形信息保留较好，验证了此方法的可靠性。

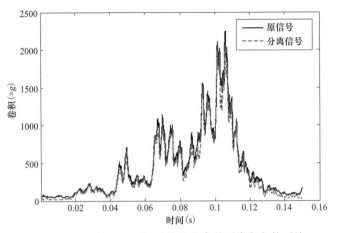

图 6-12　5-6 挡 OLTC 振动信号分离前后卷积包络对比

表 6-2　　　　　　　　　　4 组分离后的振动信号能量相似度

挡位测点	6-5 挡测点 4	6-5 挡测点 5	5-6 挡测点 4	5-6 挡测点 5
S	99.55%	99.47%	99.37%	99.41%

（2）OLTC 振动信号波形特征分析。图 6-13 所示为对 2 号主变压器带电运行 OLTC5-6 挡位去噪信号利用 Morlet 小波提取的振动信号包络。图 6-13 中，纵坐标为经归一化处理后的包络曲线。由图 6-13 可见，OLTC 切换过程中的振动信号主要包含 4 个主要波峰，持续约 90ms，吻合 CM 型 OLTC 切换开关触头动作程序。同样选取表征特征脉冲点 1 至其余各脉冲点间能量变换快慢的斜率 K 作为振动信号的特征指标，分别记为 K_1、K_2、K_3，准确反映波形脉冲特征，如图 6-13 所示。

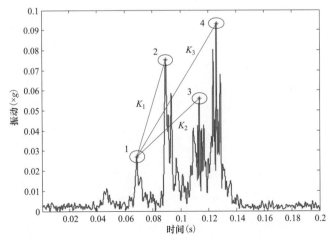

图 6-13　分接开关挡位 5-6 带电切换测点 4 处振动信号包络检波

基于以上分析结果，采用统计学的方法对 OLTC 振动信号特征指标 K 展开研究。限于运行中的变压器电压挡位切换时的限制，在此对测点 1 及测点 4 处 1 号主变压器不带电及 2 号主变压器带电情况下 5～9b 挡正、逆序切换过程中产生的振动信号进行脉冲特征指标对比分析。图 6-14 和图 6-15 分别为测点 1 处 OLTC 奇侧-偶侧挡位带电及不带电顺序、逆序切换振动信号脉冲指标分布情况。图 6-16 和图 6-17 分别为测点 1 处 OLTC 偶侧-奇侧挡位带电及不带电顺序、逆序切换中振动信号的脉冲指标分布。

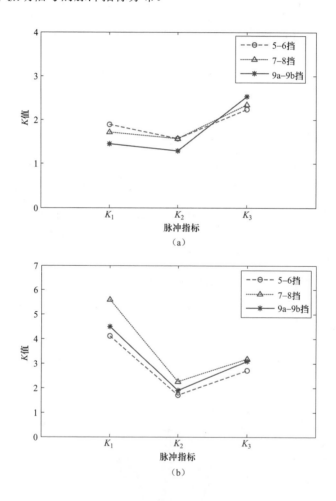

图 6-14　奇侧-偶侧挡位切换振动指标 K 值

（a）不带电；（b）带电

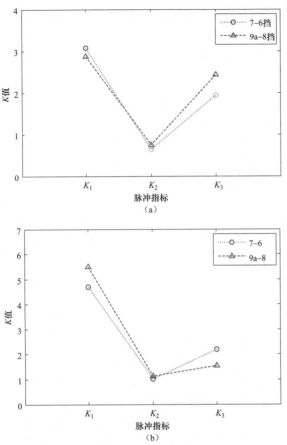

图 6-15　奇侧-偶侧挡位切换振动指标 K 值

（a）不带电；（b）带电

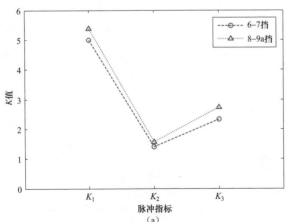

图 6-16　偶侧-奇侧挡位切换振动指标 K 值（一）

（a）不带电

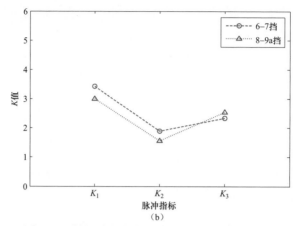

图 6-16 偶侧-奇侧挡位切换振动指标 K 值（二）

（b）带电

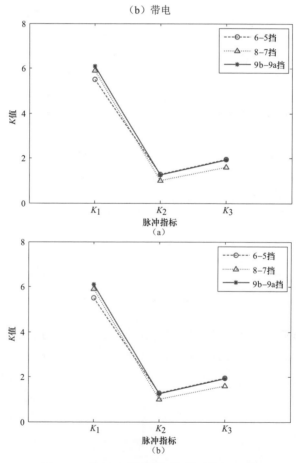

图 6-17 偶侧-奇侧挡位切换振动指标 K 值

（a）不带电；（b）带电

由图 6-14～图 6-17 可见，同侧挡位顺、逆序切换振动信号均具有较好的脉冲分布规律，具体表现为 K_1、K_2、K_3 值的大小及变化趋势的相近。可见，1 号主变压器不带电切换及 2 号主变压器带电切换过程中，OLTC 切换时的振动信号触发脉冲均能够遵循各自的能量变化规律，表明了 1、2 号主变压器对应 OLTC 切换开关重复性良好的触头动作程序。此外，通过进一步分析发现，OLTC 带电切换同不带电切换振动信号相比，两者存在一定的脉冲分布差异，初步认为是由两台变压器间存在的运行工况差异所导致。

综上，通过基于能量比判据循环奇异值分解的信号分离方法对 OLTC 带电切换振动信号进行的滤波处理，能够有效提取在运主变压器 OLTC 换挡过程中的振动信号。在此基础上，采用脉冲能量变化速率法分别对 OLTC 带电、不带电切换过程中产生的振动信号进行脉冲指标统计分析的结果显示：经过降噪处理的 OLTC 带电切换振动信号和 OLTC 不带电切换振动信号的触发脉冲均具有良好的分布规律，表明了 OLTC 重复性良好的触头切换程序。同时，一定程度上也验证了信号分离方法的有效性。

6.2　真空熄弧式有载分接开关振动特性对比测试

真空 OLTC 是最近几年发展起来的一种新型 OLTC，以其免维护、高环保、高可用率等优势得到广泛应用。甚至，在某些应用领域，如海上平台，真空 OLTC 凭借全密封免维修的特点使其成为唯一的选择。同时，由于真空 OLTC 的高使用率，使得针对其开展的运行状态监测技术的研究显得尤为重要，这对确保电力系统安全运行意义重大。但因真空 OLTC 在油浸式变压器的应用时间尚短，相关技术不够成熟，同时缺乏针对真空 OLTC 的实例研究。当前关于真空灭弧 OLTC 的研究大多仅集中在产品研发与技术改进方面，多是对切换开关的结构分析，使得真空 OLTC 的状态监测和维护难以有效进行。鉴于振动分析法监测油熄弧 OLTC 机械故障的有效性，从真空灭弧式 OLTC 与油熄弧式 OLTC 的机械特性差异出发，基于 OLTC 切换开关的触头动作程序分析开关振动产生的机理，然后采用改进 DBSCAN 聚类算法实现对真空熄弧式与油中灭弧式 OLTC 的振动特性研究。

6.2.1　测试描述

测试地点为永康明珠变电站，测试对象是两台型号分别为 SHZVⅧ-800Y/126C-10193G、VRDⅢ-1000 Y/123C-10193WR 的真空灭弧式 OLTC。分析对象还包括一台型号为 MⅢ350Y-72.5/B-10193G 的油熄弧式 OLTC，对应的开关模型如图 6-18 所示。

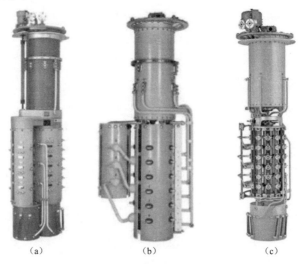

图 6-18　测试用各型号 OLTC 模型

（a）SHZV 型真空 OLTC；（b）VRD 型真空 OLTC；（c）M 型油熄弧式 OLTC

测试内容是采集以上 3 种不同型号 OLTC 部分挡位切换过程中的振动信号，并分别进行振动特性对比分析。试验均选用 2 路 PCB 加速度传感器（灵敏度为 10mV/g）采集 OLTC 振动信号，将传感器 1、2 布置于传动轴处变压器箱壁如图 6-19 所示。

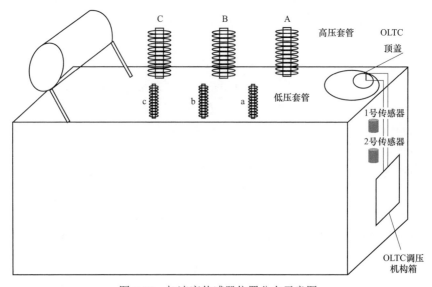

图 6-19　加速度传感器位置分布示意图

　　图 6-20～图 6-23 分别为 SHZV 型、VRD 型及 M 型 OLTC 测点 1、测点 2 处 5-6、6-5 挡和 6-7、7-6 挡切换过程中产生的振动信号时域波形。由图 6-20～图 6-23 可见，以上 3 种不同型号 OLTC 的振动信号脉冲持续时间不同，其振动信号间的波形特征也存在较大差异。同时，由于 OLTC 切换开关触头动作程序是 OLTC 振动的主要来源，为进一步研究不同型号 OLTC 的振动特性差异，在此主要针对以上 3 种型号 OLTC 切换开关结构展开了对比分析。

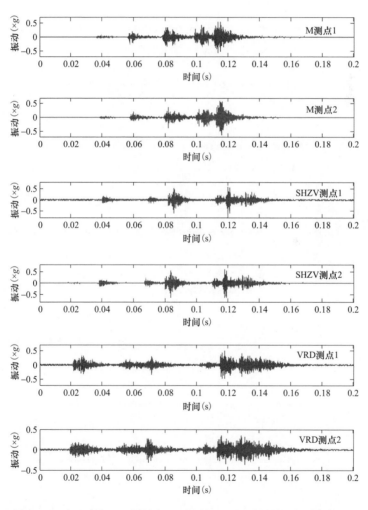

图 6-20　不同型号 OLTC 测点 1、测点 2 处 5-6 挡切换过程振动信号

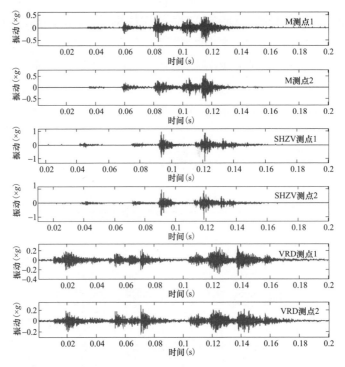

图 6-21　不同型号 OLTC 测点 1、测点 2 处 6-5 挡切换过程振动信号

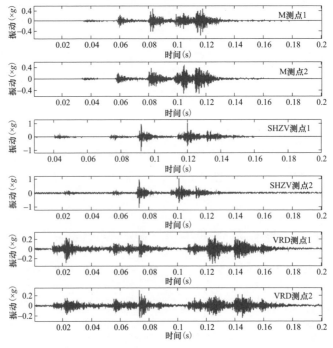

图 6-22　不同型号 OLTC 测点 1、测点 2 处 6-7 挡切换过程振动信号

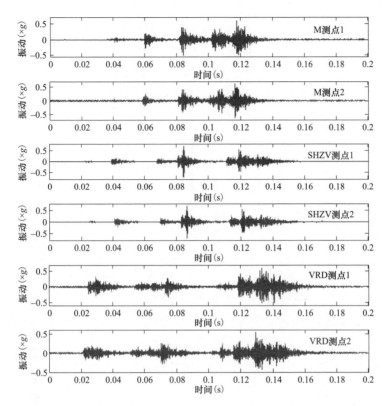

图 6-23　不同型号 OLTC 测点 1、测点 2 处 7-6 挡切换过程振动信号

6.2.2　有载分接开关切换开关结构分析

由 OLTC 的机械结构及其动作特性可知，OLTC 换挡过程是在电动机构预先驱动分接选择器工作分接位置变换的同时上紧储能弹簧，借助于过渡电阻辅助作用完成切换开关动静触头的依次开合过程，将负载电流无间断地或无显著变化地从一个分接转到另一个分接。其中，切换开关作为专门承担着切换负荷电流的部分，是 OLTC 的重要部件。有载调压的可靠性极大程度取决于切换开关是否可靠。此外，切换开关触头动作程序产生的碰撞是 OLTC 切换过程中振动的主要来源，是评估 OLTC 运行状态的重要信息。此处以 SHZV 型、VRD 型和 M 型组合式 OLTC 为例进行切换结构分析。

（1）SHZV 型真空 OLTC 切换结构。SHZV 型真空 OLTC 采用两个真空灭弧室单电阻过渡原理的切换结构如图 6-24 所示。图 6-24 中，Ⅰ、Ⅱ分别为 n、$n+1$ 侧主触头；V1 为主通断触头、V2 为过渡触头（V1、V2 为用来熄弧的两个真空管）；A、B 为切换回路的转换触头；R 为过渡电阻。上述触头完成 n 至 $n+1$

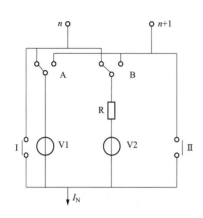

图 6-24 SHZV 型真空灭弧式
OLTC 单电阻过渡原理图

挡位间切换的完整动作程序如下：

1）单数侧主触头 I 导通、I 侧的主通断触头 V1（真空管）导通，负载电流 I_N 通过主触头 I 输出。

2）主触头 I 断开，负载电流 I_N 转经主通断触头 V1 输出。

3）主通断触头 V1 断开，产生一个电弧，该电弧在真空管熄灭。主通断触头 V1 断口处恢复电压，负载电流经过过渡电阻 R 从过渡触头 V2 通过输出。

4）过渡电阻 R 换接至 II 侧，且主通断触头 V1 闭合，过渡触头 A 与 B 桥接，产生一个循环电流，循环电流大小受过渡电阻 R 的限制。

5）过渡触头 V2 断开，产生一个电弧经真空管熄灭。过渡触头 V2 断口处恢复电压。

6）恢复过渡触头 V2 位置，B 闭合至 II 侧，为下次换挡做准备。同时双数侧主触头 II 闭合。

至此，真空灭弧 OLTC 从 n 挡位切换到 $n+1$ 挡位的完整触头变换程序结束。图 6-25 所示为 SHZV 型真空 OLTC 切换开关的触头变换程序图。由图 6-25 可见，SHZV 型 OLTC 一次挡位切换过程持续时间约 130ms，触头第一次至最后一次闭合间隔约 90ms。

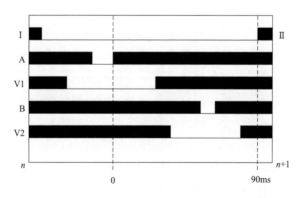

图 6-25 SHZV 型真空灭弧式 OLTC 单电阻过渡原理图

（2）VRD 型真空 OLTC 切换结构。VRD 型真空 OLTC 同样采用两个真空灭弧室单电阻过渡原理的切换结构如图 6-26 所示。图 6-26 中，MC 分别为 n、 *n*+1 侧主触头；MSV 为主通断触头（真空灭弧室）、TTV 为过渡触头（真空灭弧室）；MTF、TTF 均为切换回路的过渡触头；R 为过渡电阻。上述触头完成 *n* 至 *n*+1 挡位间切换的完整动作程序如下：

1）*n* 侧主触头 MC 导通，负载电流 I_N 通过主触头 MC 输出。

2）主触头 MC 断开，负载电流 I_N 转经主通断触头 MSV 输出。

3）主通断触头 MSV 断开，产生一个电弧，该电弧在真空管熄灭。主通断触头 MSV 断口处恢复电压，负载电流经过过渡电阻 R 从过渡触头 TTV（真空管）通过输出。

4）过渡触头 MTF 换接至 *n*+1 侧且主通断触头 MSV 闭合，过渡触头 MTF 与 TTF 桥接，产生一循环电流，循环电流的大小受过渡电阻 R 的限制。

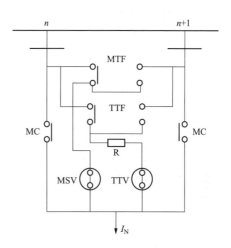

图 6-26　VRD 型真空灭弧式 OLTC 单电阻过渡原理图

5）过渡触头 TTV 断开，产生一电弧经真空管熄灭。过渡触头 TTV 断口处产生恢复电压。

6）恢复过渡触头 TTV 闭合状态，TTF 闭合至 *n*+1 侧，为下次挡位切换做准备。同时 *n*+1 侧主触头 MC 闭合，并通过负载电流 I_N，至此变换结束。

至此，真空灭弧 OLTC 从 *n* 挡位切换到 *n*+1 挡位的完整触头变换程序结束。图 6-27 所示为 VRD 型真空 OLTC 切换开关的触头变换程序图。由图 6-27 可见，VRD 型 OLTC 一次挡位切换过程持续时间约 140ms，触头第一次至最后一次闭合间隔约 100ms。

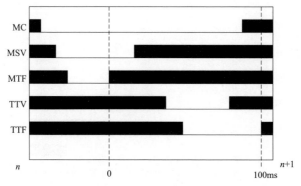

图 6-27　VRD 型真空灭弧式 OLTC 单电阻过渡原理图

（3）M 型油灭弧式 OLTC 切换结构。M 型油熄弧式 OLTC 采用双电阻过渡原理的切换结构如图 6-28 所示。图 6-28 中，Ⅰ、Ⅱ分别为 n、$n+1$ 侧主触头；A1、B1 为主通断触头；A2、B2 为过渡触头；R 为过渡电阻。上述触头完成 n 至 $n+1$ 挡位间切换的完整动作程序如下：

1）单数侧主触头Ⅰ导通、主通断触头 A1 导通，负载电流 I_N 通过主触头Ⅰ输出。

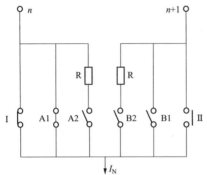

2）主触头Ⅰ断开，负载电流 I_N 转经主通断触头 A1 输出。

3）过渡触头 A2 闭合。主通断触头 A1 断开，产生一个电弧，该电弧在电流第一个零位熄灭，主通断触头 A1 断口处恢复电压，负载电流经过渡电阻从触头 A2 通过输出。

4）过渡触头 A2、B2 桥接，产生一个循环电流，循环电流的大小

图 6-28　M 型油灭弧式 OLTC 双电阻过渡原理图

受过渡电阻 R 的限制，负载电流平均流过触头 A2、B2。

5）过渡触头 A2 断开，产生一个电弧,此电弧在电流第二个零位时熄灭(以切换开始算)。过渡触头 A2 断口处电压恢复。

6）主通断触头 B1 导通，并通过负载电流 I_N。

7）过渡触头 B2 断开，同时双数侧主触头Ⅱ闭合，并接通负载电流 I_N。

至此，M 型油灭弧式 OLTC 从 n 挡位切换到 $n+1$ 挡位的完整触头变换程序结束。图 6-29 所示为 M 型油灭弧式 OLTC 的切换开关触头变换程序图。由图 6-29 可见，M 型 OLTC 一次挡位切换过程持续时间约 90ms，触头第一次至最后一次闭合间隔约 60ms。

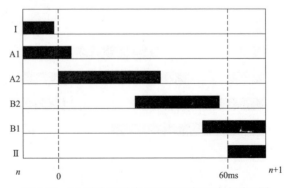

图 6-29　M 型油灭弧式 OLTC 双电阻过渡原理图

6.2.3　基于 DBSCAN 算法的振动信号分析方法

OLTC 切换过程中的振动信号为含噪的峰值多分量图形，为从中提取有用的振动信号特征信息，对比不同 OLTC 型号间的振动特性差异，在此采用能够在带"噪声"的信息系统中进行聚类的 DBSCAN 算法对采集到的振动信号脉冲区域进行动作点聚类。

DBSCAN 算法将簇定义为密度相连的点的最大集合，该方法不必输入划分的聚类个数，并且具有对数据输入顺序不敏感的优点。算法的相关定义如下：

（1）ε 邻域：给定对象 ε 半径内的区域称为该对象的 ε 邻域。

（2）$P_{\min}$：给定对象 ε 邻域内包含的数据点数。

（3）核心对象：若给定对象 b 的 ε 邻域 $N_{\varepsilon}(b)$ 内包含对象个数 $|N_{\varepsilon}(b)| \geqslant P_{\min}$，则称 b 为核心对象。

（4）直接密度可达：给定 ε 及 $P_{\min}$ 前提下，同时满足 $b \in N_{\varepsilon}(d)$、$|N_{\varepsilon}(d)| \geqslant P_{\min}$，则称对象 b 是从对象 d 出发直接密度可达的。

（5）密度可达：给定对象集合 D，当对象链 $b_1, b_2, \cdots, b_n$，$b_1 = d$，$b_n = b$ 对 $b_i \in D$，b_{i+1} 是 b_i 关于 ε 和 $P_{\min}$ 直接密度可达的，则称对象 b 从对象 d 关于 ε 和 $P_{\min}$ 密度可达的。

（6）密度相连：如果对象集合 D 中存在一个对象 O，使得对象 b 和 d 是从 O 关于 ε 和 $P_{\min}$ 密度可达的，那么对象 b 和 d 关于 ε 和 $P_{\min}$ 密度相连。

（7）簇和噪声：基于密度可达性的最大的密度相连对象的集合称为簇，不在任何簇中的对象被认为是噪声。

传统 DBSCAN 算法聚类步骤如下：

（1）建立初始数据的数据集，定义为 P_{points}。

（2）扫描数据集 P_{points}，通过初始化参数 $P_{\min}$ 及 ε，找到任一核心点并寻找该核心点出发所有密度相连的数据点。

（3）遍历该核心点 ε 邻域内所有核心点，同样寻找与这些数据点密度相连的点，直到没有可以扩充的点为止，并将保留点合并为一个大类。

（4）重新扫描数据集，寻找未被聚类的点，重复步骤（2）和步骤（3），直到数据集中没有新核心点为止，数据集中未包含在任何簇中的数据点构成噪声点。

原始 DBSCAN 算法对整个相空间进行距离运算时需要遍历每一个数据点，容易导致算法执行耗时长的状况。此外，当欧式空间距离的密度不均匀时存在聚类不稳定的现象。针对以上缺点，采取改进后的 DBSCAN 算法对 OLTC 振动特性进行研究。

在将一维时间序列拓展到高维的空间过程中，重构后的相空间与原系统具有同样的动力学特征。因此，通过合理设定距离阈值，从相空间中选取动作点，即从原信号中提取有效部分，删除无关数据，能够起到降噪的效果，同时缩减了数据量，优化了算法时间。在此基础上，通过点数阈值的设定，从动作点中进一步筛选出动作离散点，即从原信号中提取分布较为分散的脉冲数据点作为信号的特征指标，省略了信息系统有效类的具体划分，能够抑制算法有可能带来的较差的聚类效果。改进后的 DBSCAN 算法具体定义如下：

（1）动作点：对于 OLTC 相空间重构后的振动信号，若其中某一信号点距离原点的欧氏距离大于某一特定值 ε，则称该点为动作点。动作点表示能够反应开关振动特性的所有点。

（2）离散点：如果某动作点 ε 邻域内数据点个数小于 $P_{\min}$，则称该点为动作离散点。

（3）直接可达：若两个数据点间的距离小于 ε，则称两点直接可达。

其中，由于所要处理的信息系统的未知性，参数 ε 与 $P_{\min}$ 的设置通常是依靠经验，在聚类的过程中根据聚类结果的好坏对其进行适当的调整。依据以上定义，采用改进的 DBSCAN 聚类算法研究真空灭弧式和油熄弧式 OLTC 的振动特性，其基本思路为：

（1）从 OLTC 振动信号中截取包含完整脉冲区域的振动波形。

（2）对振动信号采取归一化处理，计算公式为

$$x = \frac{z - \overline{z}}{\sigma} \tag{6-7}$$

式中：z 为原始信号；$\overline{z}$ 为信号均值；σ 为标准差。

（3）通过求取振动信号延迟时间 τ 对信号进行三维相空间重构，进而遍历所有空间数据点，计算其与重构相空间原点距离 d，选出动作点，在一定程度上起到"降噪"的效果。计算公式为

$$d(x_i, x_0) = \sqrt{x_i^2 + x_{(i+\tau)}^2 + \cdots x_{[i+(m-1)\tau]}^2} \tag{6-8}$$

（4）遍历所有动作点，计算每个点与其余各点的距离，并建立链表求取离散点。以 SHZV 型油浸式真空 OLTC 某挡位切换过程产生的振动信号为例构建链表，表 6-3 中，第 1 列为起始点所在动作点序列中的位置，其余为对应起始点的直接可达点在序列中的位置。例如第 3 行表示：起始点为动作点序列中的第 3 个点，其直接可达到的点有第 4 个、第 9 个、第 22 个共 3 个点。

（5）当直接可达点的数量小于 $P_{\min}$ 时，则该起始点为离散点。表 6-3 中，

若 $P_{\min}=5$，则在起始点中，第 1 个、第 3 个、第 4 个均为离散点。

表 6-3　　　　　　　　　　　　　振动信号链表示意图

x_1	x_2	x_3	x_8	x_{11}					
x_2	x_8	x_{17}	x_{93}	x_{133}	x_{243}	x_{545}	x_{665}	x_{888}	…
x_3	x_4	x_9	x_{22}						
x_4	x_6								
x_5	x_8	x_{56}	x_{76}	x_{114}	x_{345}	x_{555}			
x_6	x_2	x_{45}	x_{53}	x_{77}	x_{245}	x_{345}	x_{646}		
x_7	x_{17}	x_{54}	x_{111}	x_{123}	x_{157}	x_{333}	x_{344}	x_{645}	x_{787}
⋮									

6.2.4　结果分析

以 3 种型号 OLTC 从 7 挡降至 6 挡过程中测点 2 处采集得到的振动信号为例进行分析，其在三维空间中动作点及离散点的分布分别如图 6-30～图 6-32 所示。由图 6-30～图 6-32 可见，SHZV 型及 VRD 型 OLTC 振动信号的动作点及离散点数明显多于 M 型 OLTC，可由动作点及图中用红色标出的离散点的数量来表现。下面通过计算并统计 OLTC 切换过程中振动信号的具体动作点数和离散点数进一步反映不同型号 OLTC 间振动波形的脉冲分布特性差异。

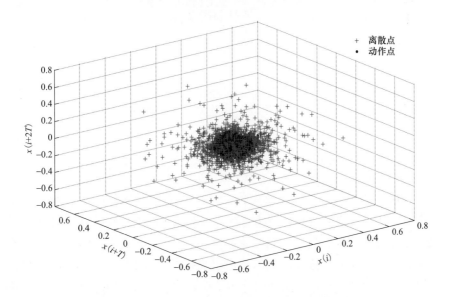

图 6-30　SHZV 型 OLTC 7-6 挡切换振动信号三维相图

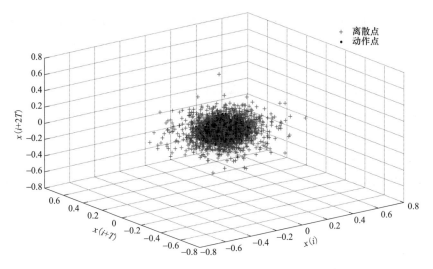

图 6-31　VRD 型 OLTC 7-6 挡切换振动信号三维相图

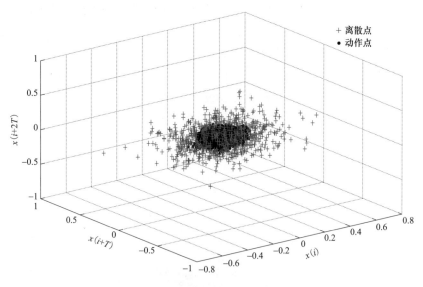

图 6-32　M 型 OLTC 7-6 挡振动信号三维相图

　　本节在此以测点 2 处的振动信号为例进行研究，并从中选取 12 组挡位切换过程中的振动信号进行分析。表 6-4 和表 6-5 分别为 OLTC 挡位顺、逆序切换时振动信号动作点数和离散点数的统计表。由表 6-4 可见，SHZV 型 OLTC 在 5 挡升至 6 挡的过程中，振动信号的动作点数和离散点数分别为 5873、2592 个；在 6 挡升至 7 挡的过程中，振动信号的动作点数和离散点数分别为 5715、2692 个。VRD 型 OLTC 在 5 挡升至 6 挡的过程中，振动信号的动作点数和离散点数分别为 8324、3877 个；在 6 挡升至 7 挡的过程中，振动信号的动作点数和离散点数分别为 8587、2586 个。M 型 OLTC 在 5 挡升至 6 挡的过程中，振动信号的动作点数和离散点数分别为 5144、2385 个；在 6 挡升至 7 挡的过程中，振动信号的动作点数和离散点数分别为 5129、2401 个。其中，根据经验选取 $\varepsilon=0.04$，$P_{\min}=400$。

表 6-4　　　　　　　　OLTC 顺序切换 DBSCAN 聚类结果

开关型号	切换挡位	动作点数	离散点数
SHZV	5-6	5873	2592
SHZV	6-7	5715	2692
VRD	5-6	8324	3877
VRD	6-7	8587	2586
M	5-6	5144	2385
M	6-7	5129	2401

表 6-5　　　　　　　　OLTC 逆序切换 DBSCAN 聚类结果

开关型号	切换挡位	动作点数	离散点数
SHZV	7-6	5854	2631
SHZV	6-5	5627	2587
VRD	7-6	8379	3863
VRD	6-5	8374	2550
M	7-6	5252	2489
M	6-5	5242	2471

由表 6-5 可见，SHZV 型 OLTC 在 7 挡降至 6 挡的过程中，振动信号的动作点数和离散点数分别为 5854、2631 个；在 6 挡降至 5 挡的过程中，振动信号的动作点数和离散点数分别为 5627、2587 个。VRD 型 OLTC 在 7 挡降至 6 挡的过程中，振动信号的动作点数和离散点数分别为 8379、3863 个；在 6 挡降至 5 挡的过程中，振动信号的动作点数和离散点数分别为 8374、2550 个。M 型 OLTC 在 7 挡降至 6 挡的过程中，振动信号的动作点数和离散点数分别为 5252、2489 个；在 6 挡降至 5 挡的过程中，振动信号的动作点数和离散点数分别为 5242、2471 个。同样根据经验选取 $\varepsilon=0.04$，$P_{\min}=400$。

结合表 6-4 和表 6-5 可知，动作点数及离散点数的不同反映了 SHZV 型、VRD 型真空 OLTC 及 M 型油灭弧式 OLTC 振动特性的差异，并且能够对应各自开关闭合触头的动作特点。以上 3 种型号 OLTC 的顺、逆挡位振动信号在 DBSCAN 聚类结果中离散点数从大到小依次为：VRD 型 OLTC、SHZV 型 OLTC、M 型 OLTC。离散点数的差异表明，真空灭弧式 OLTC 振动信号具有多脉冲点的特性。此外，以上 3 种型号 OLTC 的顺、逆挡位振动信号在 DBSCAN 聚类结果中按照动作点数从大到小排序依然为：VRD 型 OLTC、SHZV 型 OLTC、M 型 OLTC。真空 OLTC 振动信号的动作点总数均大于油灭弧式 OLTC，说明了真空灭弧式 OLTC 振动信号脉冲持续时间长的特点。以上结论符合真空灭弧式 OLTC 切换开关触头动作复杂且动作程序时间较长的特点。

由于利用改进的 DBSCAN 聚类对开关振动信号进行分析时，重要参数 ε 与 P_{min} 均是人为设定，为排除参数改变可能对 OLTC 振动特性分析的影响，本文随机选取多组 OLTC 振动信号，对其进行敏感性分析。分别如表 6-6～表 6-8 所示。其中，表 6-6 中距离阈值 ε 和点数阈值 P_{min} 分别设为 0.04 和 400；表 6-7 中距离阈值 ε 和点数阈值 P_{min} 分别设为 0.05 和 400；表 6-8 中距离阈值 ε 和点数阈值 P_{min} 分别设为 0.04 和 500。

表 6-6 　　　　　　　　OLTC 振动信号 DBSCAN 聚类结果

开关型号	切换挡位	动作点数	离散点数
SHZV	3-2	6804	2423
SHZV	11-12	6430	2512
VRD	7-6	8379	3863
VRD	5-6	8324	3877
M	4-5	5152	2350
M	9b-9a	5234	2361

表 6-7 　　　　　　　　OLTC 振动信号 DBSCAN 聚类结果

开关型号	切换挡位	动作点数	离散点数
SHZV	3-2	5477	2114
SHZV	11-12	5128	2148
VRD	7-6	7427	3117
VRD	5-6	7316	3124
M	4-5	4312	2083
M	9b-9a	4271	2094

从表 6-6～表 6-8 中动作点和离散点个数可以发现，改变距离阈值 ε 与点数

阈值 $P_{\min}$ 的大小后，振动信号的动作点数和离散点数有所变化，但 SHZV 型及 VRD 型 OLTC 各挡位振动信号的动作点数及离散点数依然明显多于 M 型分接开关。可知，改进的 DBSCAN 聚类在对 OLTC 进行振动特性分析的过程中对距离阈值 ε 与点数阈值 $P_{\min}$ 不敏感。按照该方法对其他测点各挡位进行振动特性分析时均能发现此规律。显然，挡位切换的变化或者阈值参数设定的不同不会改变真空灭弧式 OLTC 同油熄弧式 OLTC 间的振动特性对比分析结果。

表 6-8　　　　　　　　　　OLTC 振动信号 DBSCAN 聚类结果

开关型号	切换挡位	动作点数	离散点数
SHZV	3-2	6804	2495
SHZV	11-12	6430	2587
VRD	7-6	8379	4068
VRD	5-6	8324	4050
M	4-5	5152	2442
M	9b-9a	5234	2412

综上可得，不同型号 OLTC 的切换结构不同，其中，传统油灭弧式 OLTC 与真空 OLTC 的触头切换原理区别尤为明显，使得其在切换过程中的振动特性存在差异。在此基础上，采用改进的 DBSCAN 算法对采集到的 3 种不同型号 OLTC 的振动信号脉冲区域进行动作点聚类分析发现：相比于传统的油灭弧式 OLTC，真空灭弧式 OLTC 振动信号具有多脉冲点且脉冲持续时间长的特点。

6.3　绝缘油对有载分接开关振动影响测试

现有研究表明，振动检测法能较为清晰地识别出 OLTC 的弹簧松动、触头磨损等典型故障，具有较好的应用前景。其中，如何准确可靠地获取 OLTC 切换过程的振动信号是该方法的重要前提。受制于现有测试条件及 OLTC 的运行环境，现有研究大都经由放置于变压器油箱壁或 OLTC 顶部的振动传感器采集振动信号，该信号主要是 OLTC 切换开关在动作过程中动静触头碰撞等产生的振动信号经绝缘油传递至变压器油箱表面或顶盖的部分。此外，研究者在对 OLTC 的典型故障进行模拟分析时，大都以 OLTC 本体或裸开关为测试对象，根据测试得到的 OLTC 切换过程中振动信号的时域特征，如包络线、振动信号所含冲击信号的峰值，即对应的时间间隔等，来寻求信号特征量判据，进而实现 OLTC 典型故障的有效诊断。相应地，有必要仔细研究绝缘油对 OLTC 切换过程中的振动特性及振动信号的影响，准确掌握 OLTC 切换开关的动作过程及振动信号特性，从而达到更加准确全面地监测及分析评估 OLTC 的机械状态。

6.3.1 测试描述

本次试验对象是某 35kV 变压器用型号为 ZY1A-III500/60C±8 的 OLTC，共 17 个挡位。由型号可知，该 OLTC 型号为 ZY，设计序号为 1A，采用三相 Y 接的连接方式，最大额定通过电流为 800A，额定电压为 60kV，分接选择器绝缘等级为 C，开关调压级数为 8。现场测试实物图和 OLTC 本体模型如图 6-33 和图 6-34 所示。

(a)   (b)

图 6-33 测试对象

(a) 变压器；(b) OLTC 控制箱

本系列产品是组合式 OLTC，由切换开关和分接选择器（可带极性选择器）组成，适用于额定电压 35～220kV、频率为 50Hz 的电力变压器或调压变压器，分接开关控制箱内部如图 6-35 所示。OLTC 借用头部法兰安装到变压器箱盖上，并由安装在变压器箱壁上的 DCJ10 电动机构经由传动轴和伞形齿轮箱传动。此外，该系列 OLTC 还具有适用范围广、结构紧凑、工作可靠、寿命长、安装维修简便等特点。

使用自行研制的基于 PXI 平台的信号采集系统对 ZY 型 OLTC 切换过程中的振动信号进行测试，分别采用 6 路 PCB 振动加速度传感器（1～6 号），依次布置于 OLTC 顶部，如图 6-36 所示，采样频率为 51.2kHz。

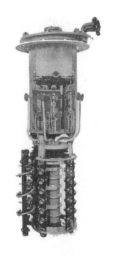

图 6-34　ZY1A 型分接开关模型

图 6-35　分接开关控制箱实物图

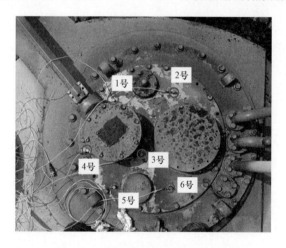

图 6-36　加速度传感器分布示意图

　　试验过程如下：首先对变压器油箱和 OLTC 油箱均有绝缘油时 OLTC 全挡位切换时的振动信号进行测试，记为状态 1；然后放掉变压器油箱内的绝缘油，获取 OLTC 全挡位切换过程中的振动信号，记为状态 2；在此基础上，放掉 OLTC 油室内的绝缘油，对 OLTC 全挡位切换过程中的振动信号进行测试，记为状态 3。

　　此处给出了 OLTC 三种状态下 1-2 挡、2-3 挡切换过程中测点 2 处的振动信号，如图 6-37 和图 6-38 所示。由图 6-37 和图 6-38 可见，OLTC 切换过程中的振动信号主要由若干个瞬态冲击信号组成，呈现出强时变和非平稳特性。其中，状态 1 和状态 2 的振动信号较为相似，状态 3 即变压器油箱和 OLTC 油室内均无绝缘油时，振动信号形态，如冲击信号的数量及形状等，均发生较大的改变。为定量获取绝缘油的存在对 OLTC 切换过程中振动信号的影响，需要仔细研究 OLTC 三种状态下的振动信号特性。

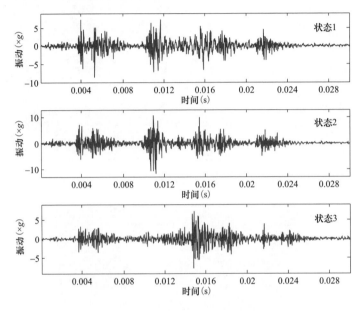

图 6-37　OLTC 1-2 挡切换时的振动信号

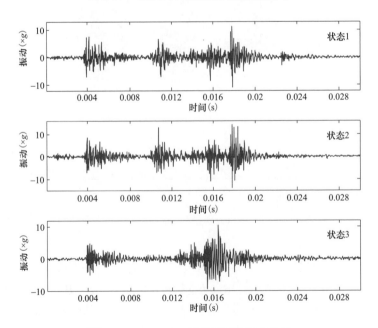

图 6-38　OLTC 2-3 挡切换时的振动信号

6.3.2　结果分析

在此以图 6-38 测点 2 处 2-3 挡切换过程中的振动信号为例进行分析。本次试验应用 TQWT 将待分析振动信号分解为多个复杂度不同的时间序列，经三次样条插值法计算各个时间序列的近似熵，以度量经 TQWT 分解后时间序列的复杂度，进而分析绝缘油对 OLTC 切换过程中振动信号的影响。首先，根据 OLTC 振动信号的频谱特性取 Q=4.5，r=3.5，分解层数 J=28，由式（6-9）计算得到。下面给出各状态下 OLTC 振动信号的分解结果并进行比较分析。

$$J_{\max} = \left\lfloor \frac{\lg(\beta N / 8)}{\lg(1/\alpha)} \right\rfloor \tag{6-9}$$

1. 变压器与有载分接开关均有油的情形

图 6-39 所示为变压器油箱和 OLTC 油室均有油（状态 1）时 OLTC 2-3 挡切换时振动信号的 TQWT 分解结果。由图 6-39 可见，信号被逐层分解为不同品质因子的瞬态冲击成分，开关切换过程中触头依次开闭所产生的四次明显瞬态冲击振动信号在第 1～27 层上依次表现为不同品质因子的冲击信号及其组合，在第 28 层处，振动信号形态无明显变化，说明了 TQWT 分解过程的完整性。

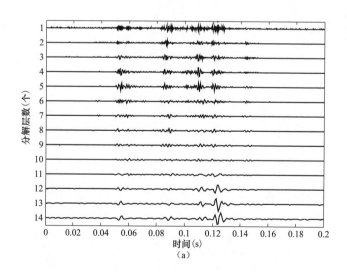

图 6-39　OLTC 振动信号的 TQWT 分解结果（状态 1）（一）

（a）第 1～14 层

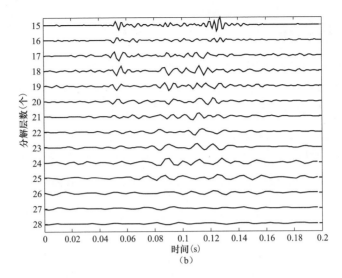

图 6-39　OLTC 振动信号的 TQWT 分解结果（状态 1）（二）

（b）第 15～28 层

2. 变压器油箱无油与有载分接开关有油的情形

图 6-40 所示为变压器油箱无油和 OLTC 油室有油（状态 2）时 OLTC 2-3 挡切换时振动信号的 TQWT 分解结果。由图 6-40 可见，对应开关切换过程中触头依次开闭所产生的四次明显瞬态冲击振动信号在第 1～26 层上依次表现为不同品质因子的冲击信号及其组合，同样在第 28 层处结束 TQWT 分解过程。

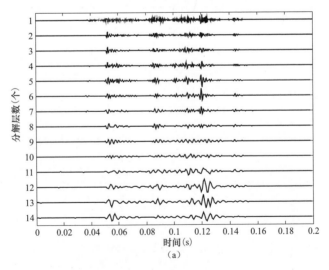

图 6-40　OLTC 振动信号的 TQWT 分解结果（状态 2）（一）

（a）第 1～14 层

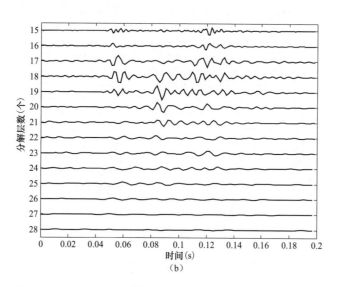

图 6-40　OLTC 振动信号的 TQWT 分解结果（状态 2）（二）

（b）第 15～28 层

3. 变压器与 OLTC 均无油的情形

图 6-41 所示为变压器油箱和 OLTC 油室均无油（状态 3）时 OLTC 2-3 挡切换时振动信号的 TQWT 分解结果。由图 6-41 可见，OLTC 切换过程中的振动信号主要分布在第 1～25 层上，在第 28 层处 TQWT 分解过程结束。

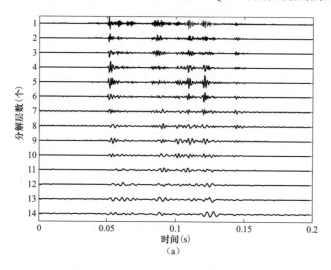

图 6-41　OLTC 振动信号的 TQWT 分解结果（状态 3）（一）

（a）第 1～14 层

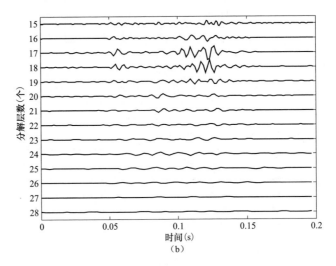

图 6-41　OLTC 振动信号的 TQWT 分解结果（状态 3）（二）

（b）第 15～28 层

　　在此基础上，为进一步定量分析经 TQWT 分解后的 OLTC 振动信号各层子带信号的复杂度，继续引入近似熵来度量时间序列的复杂度。图 6-42 所示为 OLTC 三种状态下经 TQWT 分解后各层信号近似熵的计算结果。

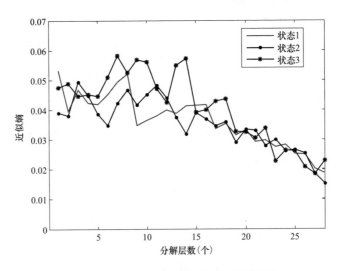

图 6-42　测点 2 处各层振动信号的近似熵

　　由图 6-42 可见，随着分解层数的增大，各层信号的近似熵呈现总体下降趋势，且第 19 层之后三种状态下振动信号的近似熵接近一致。但在第 1 层到第 18 层，三种状态下各层信号的近似熵存在较大差异，其中，状态 3（变压器油箱和 OLTC 油室均无油）下振动信号在第 5-7 层、8-9 层和 13-14 层上的近似熵相对于状态 1 和状态 2 为最大，且与状态 1 和状态 2 有明显差异，说明了 OLTC 油室内绝缘油对切换开关动作过程中的振动信号影响较大。状态 2（变压器油箱内无油和 OLTC 油室内有油）下振动信号在第 5-15 层上的近似熵相对于状态 1 有着明显的减小和增大差异，说明了变压器油箱内的绝缘油对 OLTC 切换开关动作过程中的振动信号亦有较大影响。

由近似熵的物理含义可知，近似熵在 OLTC 振动信号各个分解层的数值越大，说明该层对应的时间序列越复杂，产生新模式的概率愈高。显然，变压器油箱和 OLTC 油室均无油时（状态 3），OLTC 振动信号的复杂度即其中包含新模式的概率明显大于状态 1 和状态 2 的情形，意味着 OLTC 油室内绝缘油对切换开关触头碰撞等产生的振动信号的振动模式起到了一定的阻尼或润滑作用，表现为 OLTC 切换开关动静触头闭合时所产生的部分振动模式的弱化，降低了振动信号的复杂性。而状态 2 下 OLTC 振动信号部分分解层数近似熵与状态 1 的部分差异表明，变压器油箱内的绝缘油由于其阻尼及结构上的原因所导致的绝缘油的运动特性等，对切换开关所产生的振动信号的振动模式影响有限但更为复杂，表现为部分振动模式的增强及部分振动模式的抑制。也就是说，经 OLTC 顶部等测试得到的振动信号中所包含的多个冲击信号并非与其切换开关动静触头闭合过程的动作特性保持一致。相应地，在基于 OLTC 振动信号的时域特征（包络线、振动信号的峰值即各个冲击信号峰值间的时间间隔等）对其状态进行监测时，建议结合其他相关判据综合分析评估 OLTC 的运行状态。

为进一步说明绝缘油对 OLTC 振动信号的影响，图 6-43 给出了 OLTC 2-3 挡切换时三种状态下测点 5 处的振动信号经 TQWT 分解后各层信号近似熵的计算结果。由图 6-43 可见，三种状态下各层信号近似熵随分解层数的变化规律与测点 2 类似，均呈现下降趋势，且在第 19 层之后三种状态下的近似熵接近一致。状态 1 下（变压器油箱和 OLTC 油室内均有油）各层信号近似熵的变化规律与测点 2 较为吻合，但存在因测点位置不同带来的各层信号近似熵的数值差异。状态 3 下 OLTC 振动信号的近似熵在前 10 层大都呈现偏大的情形，再次说明了 OLTC 油室内绝缘油的黏性或润滑作用降低了切换开关触头碰撞等产生的振动信号的振动模式的复杂性。同时，状态 2 下 OLTC 在前 10 层内信号的近似熵相对于状态 1 的增大或减小，及与测点 2 处对应层处信号近似熵的差异说明了变压器油箱内的绝缘油的阻尼及运动特性对 OLTC 振动信号的影响呈现随机特性，且影响有限。

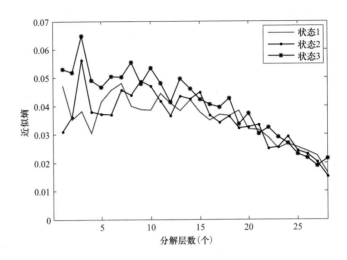

图 6-43 　测点 5 处各层振动信号的近似熵

综上可得，TQWT 能较为准确地将 OLTC 切换过程中的振动信号分解成多个复杂度不同的时间序列，且近似熵能够较好地度量时间序列的复杂度，从而定量分析绝缘油对 OLTC 振动信号的影响。OLTC 油室内绝缘油的影响较大，主要表现为绝缘油的阻尼或润滑等削弱了切换开关所产生的振动信号的振动模式，降低了 OLTC 振动信号的复杂性。变压器油箱内绝缘油对 OLTC 振动信号的振动模式的影响相对有限，呈现出随机性特征。

6.4　换流变压器有载分接开关现场测试

在特高压直流输电系统中，换流变压器处于交、直流系统相互连接的关键位置，主要承担交、直流变换，交、直流系统电气隔离和抑制直流故障电流等重要作用，是直流输电系统的核心设备，其安全稳定运行对直流输电系统有着重要意义。其中，OLTC 作为换流变压器内唯一可动部件，同时又是保证换流变压器电压精确需求的重要部件，其可靠性直接关系到换流变压器甚至高压直流系统的安全稳定运行。与常规交流变压器 OLTC 主要用于调整负荷侧电压以提升供电质量不同，换流变压器需要通过 OLTC 长期实现阀侧直流电压恒定不变、网侧交流电压波动补偿、直流系统降压运行以及直流功率调整等操作功能，与之配套的 OLTC 结构较为复杂且分接动作频繁，使得其故障率也相应增加。因此，有必要研究合理有效的 OLTC 机械诊断分析方法，提高换流变压器用 OLTC 及电网运行的可靠性。

6.4.1　换流变压器有载分接开关振动特性测试

1．测试描述

测试对象是浙江金华武义换流变压器一台型号为 VRG II 1302-72.5/E-16313ws 的真空 OLTC，该台换流变压器型号为 EFPH8657，额定功率为 382MVA，额定频率为 50Hz，其整体外观如图 6-44 所示。换流变压器 OLTC 操动机构箱如图 6-45 所示。

图 6-44　换流变压器整体外观　　　　图 6-45　换流变压器 OLTC 操动机构箱

本次测试内容是采集换流变压器用 OLTC 全挡位切换（不带电）过程中的振动信号，采样频率为 50kHz。所测试 OLTC 切换开关采用单、双挡位对称切换方式，先从 1 挡升至 29 挡，再由 29 挡降至 1 挡，奇侧-偶侧、偶侧-奇侧挡位切换各 29 组。采集振动信号的加速度传感器共 8 路，5 路布置于 OLTC 顶盖（2～5 号），1 路布置于变压器前壁（1 号），另外 2 路布置于变压器侧壁（7、8 号），具体现场布置如图 6-46 所示。

 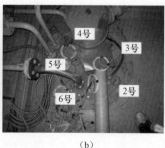 

（a）　　　　　　　　　　　（b）　　　　　　　　　　　（c）

图 6-46　加速度传感器分布示意图

（a）前壁传感器；（b）顶盖传感器；（c）侧壁传感器

图 6-47 为换流变压器用 OLTC 部分测点 3-4 挡切换过程中的振动信号。由图 6-47 可见，OLTC 顶盖处采集得到的振动信号幅值大于 OLTC 箱壁处的振动信号。同时，各测点处由传感器采集得到的 OLTC 振动信号时间序列具有相似的波形脉冲分布特征，且脉冲持续时间在 130ms 左右，在一定程度上反映了 OLTC 切换过程中开关触头的动作程序。在此基础上，下文重点从时域对换流变压器用 OLTC 的振动信号特性展开分析。

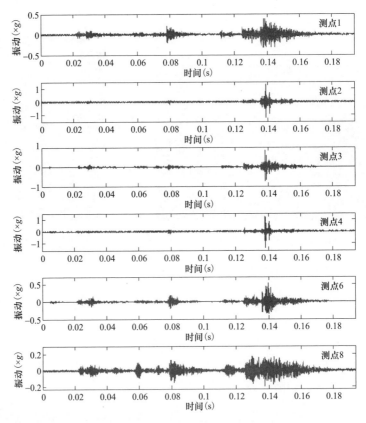

图 6-47　换流变压器用 OLTC 各测点 3-4 挡切换振动信号波形

2. 结果分析

为有效提取换流变压器用 OLTC 振动信号的时域特征，掌握其切换过程的振动特性，本章采用基于自适应形态学组合滤波和小波变换相结合的方法对换流变压器用 OLTC 换挡过程中的振动信号进行分析。

以换流变压器 OLTC 从 2 挡升至 3 挡过程中测点 2 处的振动信号为例，对其进行自适应形态学组合滤波处理，图 6-48 所示为经自适应形态组合滤波前后的 OLTC 振动信号对比图。

考虑到换流变压器用 OLTC 切换结构同传统油灭弧式 OLTC 存在较大差异，同时切换结构中触头动作又是引起 OLTC 振动的主要来源，在此结合 VRG 型换流变压器用 OLTC 切换开关原理进行特征指标的提取。通过分析发现，换流变压器 OLTC 从 n 挡位切换到 $n+1$ 挡位的完整触头变换程序包含了 5 个触头闭合动作，依次分别为换接过渡触头从 n 侧换接至 $n+1$ 侧；n 侧主通断触头闭合；真空包过渡触头闭合；换接过渡触头从 $n+1$ 侧换接至 n 侧；$n+1$ 侧主触头闭合，在振动信号中表现为呈现一定分布规律的振动波形脉冲，故可根据该切换特点，从时域出发研究根据振动波形中的 5 个主要波峰提取换流变压器 OLTC 振动信号的波形脉冲特征指标。

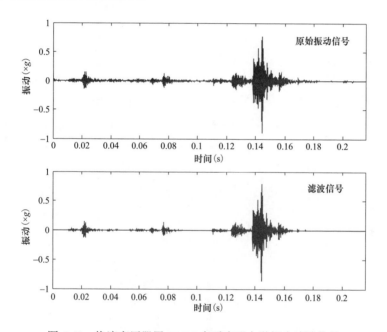

图 6-48　换流变压器用 OLTC 自适应形态学组合滤波信号

图 6-49 为对图 6-48 所示的滤波后的振动信号利用 Morlet 小波提取的振动信号包络。图 6-49 中，纵坐标为经归一化后的包络曲线。由图 6-49 可见，OLTC 切换过程中的振动信号主要包含 5 个主要波峰，持续约 130ms，吻合换流变压器 OLTC 切换开关触头动作程序。此时，同样选取表征特征脉冲点间能量变换快慢的斜率 K 作为振动信号的特征指标，分别记为 K_1、K_2、K_3 及 K_4，准确反映波形脉冲特征，如图 6-49 所示。

在此基础上，采用概率和统计观点的方法来对换流变压器用 OLTC 振动信号展开研究。限于篇幅，在此对测点 2 处的 1-29 挡正序切换及 29-1 挡逆序切换振动信号进行对比分析。图 6-50 和图 6-51 所示为换流变压器 OLTC 全挡位切换时振动信号的 K 值分布图。由图 6-51 可见，开关 1 挡升至 29 挡（奇侧-偶侧挡位切换与偶侧-奇侧挡位切换各 15 组）过程，特征指标 K 具有良好的分布规律。奇侧-偶侧挡位切换过程，K_1 的值集中在 1.2～2.2；K_2 的值集中在 2.4～3.9；K_3 的值集中在 10～15；K_4 的值集中在 –18～–12。偶侧-奇侧挡位切换过程，K_1 的值集中在 0.6～1.2；K_2 的值集中在 1.2～2.1；K_3 的值集中在 4～8；K_4 的值集中在 –11～–6。

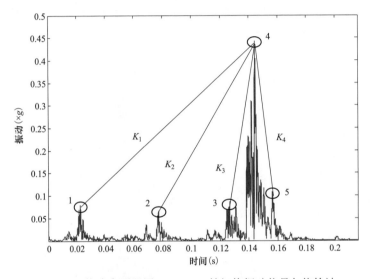

图 6-49　换流变压器用 OLTC 2-3 挡切换振动信号包络检波

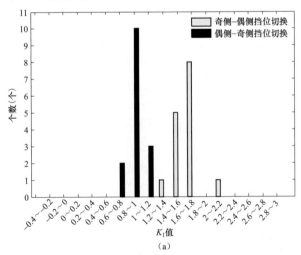

图 6-50　换流变压器用 OLTC 1-29 挡切换振动信号特征指标统计图（一）

（a）K_1 值分布图

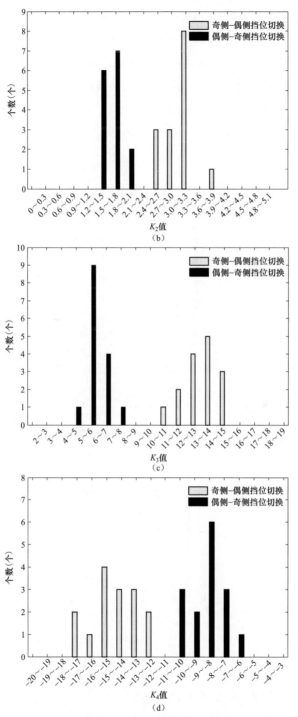

图 6-50　换流变压器用 OLTC 1-29 挡切换振动信号特征指标统计图（二）

（b）K_2值分布图；（c）K_3值分布图；（d）K_4值分布图

由图 6-51 可知，开关 29 挡降至 1 挡（奇侧-偶侧挡位切换与偶侧-奇侧挡位切换各 15 组）过程，特征指标 K 同样呈现规律性分布。奇侧-偶侧挡位切换过程，K_1 的值集中在 1.8～2.4；K_2 的值集中在 3.3～4.5；K_3 的值集中在 15.5～19.5；K_4 的值集中在 −20～−15。偶侧-奇侧挡位切换过程，K_1 的值集中在 0.8～1.2；K_2 的值集中在 1.5～2.4；K_3 的值集中在 6～8；K_4 的值集中在 −9～−6。

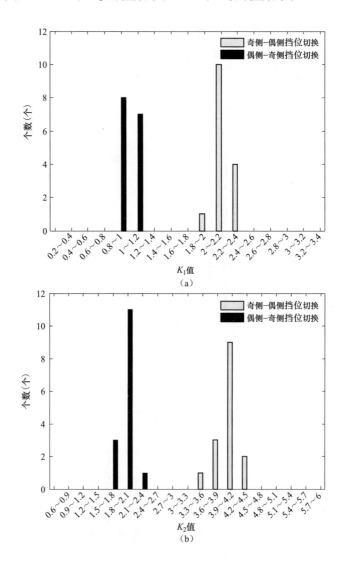

图 6-51　换流变压器用 OLTC 29-1 挡切换振动信号特征指标统计图（一）

（a）K_1 值分布图；（b）K_2 值分布图

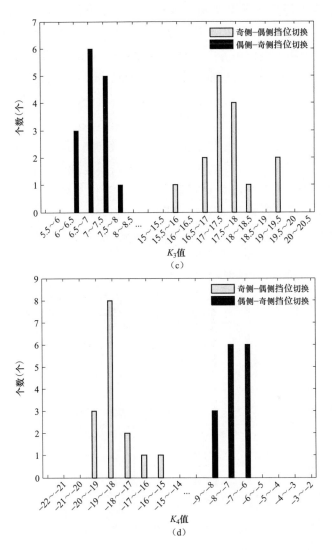

图 6-51　换流变压器用 OLTC 29-1 挡切换振动信号特征指标统计图（二）

(c) K_3 值分布图；(d) K_4 值分布图

综上可得，K 的集中分布反映了切换开关动作过程良好的规律性，进一步反映了换流变压器 OLTC 稳定的运行状态。由 OLTC 切换过程中的机械动作过程可知，当统计得到的同测点同侧挡位切换 K 值越相近时，说明 OLTC 运行越稳定。反之，同测点处振动信号 K 值分布越离散或 K 值集中分布区域同正常工况相比存在较大偏差，表明 OLTC 存在故障隐患。此外，结合图 7-7 和图 7-8 可以发现，1-29 挡位升序切换和 29-1 挡位逆序切换过程中，均存在偶侧-奇侧

K_1、K_2、K_3 值普遍小于奇侧-偶侧，偶侧-奇侧 K_4 值普遍大于奇侧-偶侧，该升降挡位切换特征值分布规律同样符合切换开关交替切换的运作特点。

为进一步说明测点位置的不同对分析结果的影响，在此同时给出了测点 6 全挡位顺序切换过程振动信号特征指标 K_1 的统计图，如图 6-52 所示。由图 6-52 可见，测点 6 与测点 2 相比，振动信号特征指标 K_1 值分布范围存在微小变化，但是仍然保持集中分布的特点。易知，不同测点处振动信号的特征指标值大小略有差异，但集中分布的特点依然能够反映切换开关良好的同步性。另外，按照该方法对其他测点处振动信号分析同样能够发现此规律。由此分析得到，正是由于各测点能量传递的不同造成脉冲幅值的变化与脉冲时间间隔微小的差异，即表现为特征指标 K 值大小会有所变化，但依然具有集中分布的特点。综上所述，对不同测点振动信号的分析处理均能发现真空 OLTC 切换过程良好的规律性。

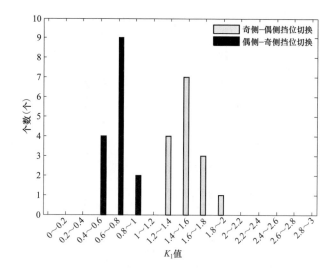

图 6-52　OLTC 测点 6 处全挡位切换振动特征指标 K_1 统计图

此外，为突显形态滤波处理对振动信号特征指标分析的影响，在此给出了测点 6 全挡位切换过程未经滤波处理的振动信号特征指标 K_1 的统计图，如图 6-53 所示。结合图 6-52 和图 6-53 可知，未经滤波处理的 OLTC 振动信号相较于经形态滤波处理的同组信号，其特征指标 K 的分布趋于离散，所反映的真空 OLTC 切换规律性减弱，对多组信号的滤波效果分析都能得到同样的结果。由此可见，所设计形态滤波器能够在较大程度排除外界干扰的同时，保留信号中蕴含的多样化特征，提高了振动信号所反映开关状态信息的准确性。

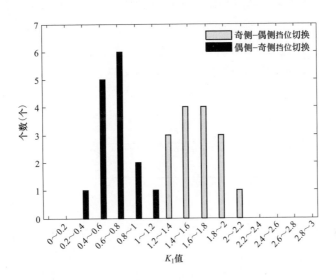

图 6-53　OLTC 测点 6 处原始振动特征指标 K_1 统计图

6.4.2　换流变压器（带电）有载分接开关振动测试

1. 测试描述

测试地点为金华武义换流站，测试对象分别是在运极 I 高端换流变压器 8112B 三角形侧 C 相型号为 VRG II 1302-72.5/E-16313WS 的 OLTC 和在运极 I 低端换流变压器 8121B 星形侧 C 相型号为 UCLRE 380/900/III S 的 OLTC，测试变压器整体外观分别如图 6-54、图 6-55 所示。

图 6-54　极 I 高端换流变压器 8112B
三角形侧 C 相

图 6-55　极 I 低端换流变压器
8121B 星形侧 C 相

本次对分接开关和换流变压器本体振动信号进行测试，共采用 6 组 PCB 振动加速度传感器，其灵敏度为 10mV/g。其中，2 路布置传感器在 OLTC 传动轴附近变压器箱壁，4 路传感器布置于箱壁底端 1/4 处箱壁。其位置放置示意图分别如图 6-56 和图 6-57 所示，采样频率设为 50kHz，每组采样时间 7s 左右。

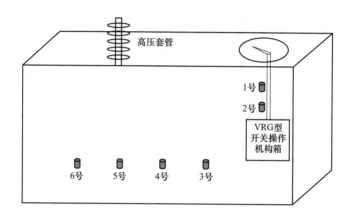

图 6-56　极 I 高端换流变压器 8112B 三角形侧 C 相测点布置示意图

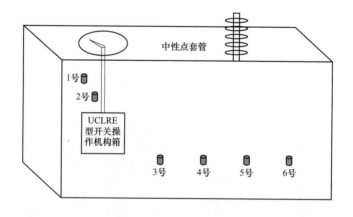

图 6-57　极 I 低端换流变压器 8121B 星形侧 C 相测点布置示意图

2. 分接开关振动信号结果分析

试验过程中，共采集得到 VRG 型 OLTC 三次切换时的振动信号，其余均为换流变压器本体振动信号。图 6-58 和图 6-59 分别为 VRG 型 OLTC 第 1 次和第 2 次 23-24 挡切换时测点 1 和测点 2 处的振动信号。图 6-60 为 OLTC 在 24-23

挡切换时测点 1 和测点 2 处的振动信号。由图 6-58～图 6-60 可见，换流变压器带电运行时，分接开关切换过程中的振动信号包括有换流变压器本体振动信号，需要对其进行预处理，削弱乃至去除分接开关振动信号中所含的本体振动信号，以提高分接开关振动信号分析结果的准确性。本章在此同样采用基于能量比判据的循环奇异值分解信号分离方法对在运换流变压器 OLTC 带电切换过程中的振动信号进行降噪处理。

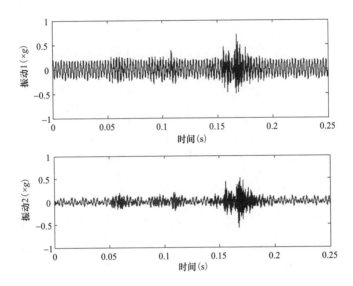

图 6-58　第 1 次 23-24 挡切换过程中的振动信号

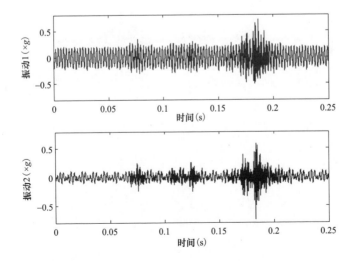

图 6-59　第 2 次 23-24 挡切换过程中的振动信号

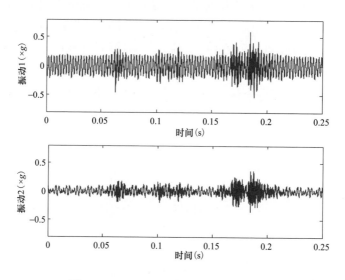

图 6-60　24-23 挡切换过程中的振动信号

本降噪方法的优势在于，利用循环分解，尽量保留了奇异值分解产生的有用信息，同时对噪声进行了多次滤除，使分接开关振动信号能够较好地从背景噪声中分离出来。在此基础上，利用 Morlet 小波提取的测点 2 处的振动信号包络，有效地获取波形的触发脉冲信息，如图 6-61～图 6-63 所示。

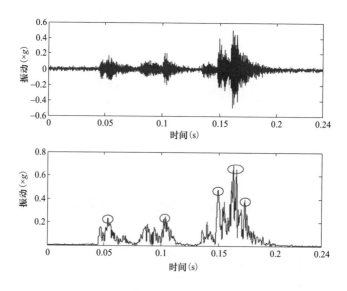

图 6-61　第 1 次 23-24 挡切换过程中的振动信号包络曲线

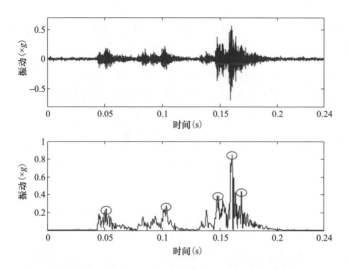

图 6-62 第 2 次 23-24 挡切换过程中的振动信号包络曲线

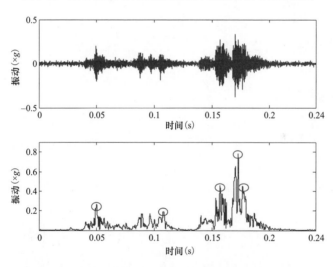

图 6-63 24-23 挡切换过程中的振动信号包络曲线

结合图 6-61～图 6-63 对 VRG 型 OLTC 过渡回路切换开关触头动作程序分析可知，与前文 VRD 型 OLTC 切换原理相似，VRG 型真空 OLTC 切换开关动作程序中包含了 5 个触头闭合动作，分别依次对应振动信号中呈现一定分布规律的 5 个振动波形脉冲，本次试验 23-24 挡间切换的振动信号脉冲分布特点符合 VRG 型真空 OLTC 切换结构特点。

3. 换流变压器本体振动信号结果分析

对放置于变压器箱壁侧且距离开关较远的测点 3、4、5、6 进行频谱分析，图 6-64～图 6-67 是极Ⅰ高端换流变压器 8112B 三角形侧 C 相本体振动信号时域波形和频谱图，图 6-68～图 6-71 是极Ⅰ低端换流变压器 8121B 星形侧 C 相本体振动信号时域波形和频谱图，为便于观察，时域只显示 0.1s 长度，频域只取 1000Hz 范围内展示。由图 6-64～图 6-71 可见，两台换流变压器时域波形均具有明显的周期性，且不同测点处的信号幅值和形态具有较大差异。对于第一台换流变压器，400Hz 频率分量是本体振动的最主要成分，其幅值显著大于其他频率分量相应值；而第二台由于箱壁外形关系，不利于测点布置，不同测点测得信号的频谱分布规律差别较大，但靠近套管处测点 5 信号主要频率分量也为 400Hz。

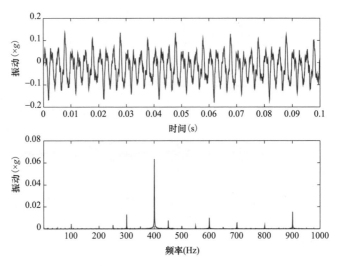

图 6-64　极Ⅰ高端换流变压器 C 相测点 3 本体振动信号波形和频谱

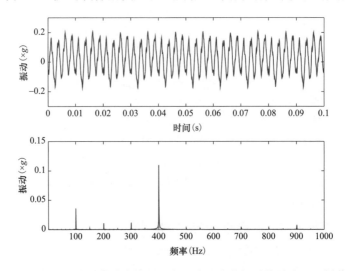

图 6-65　极Ⅰ高端换流变压器 C 相测点 4 本体振动信号波形和频谱

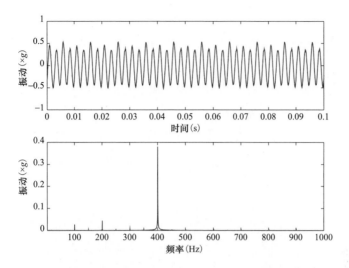

图 6-66　极Ⅰ高端换流变压器 C 相测点 5 本体振动信号波形和频谱

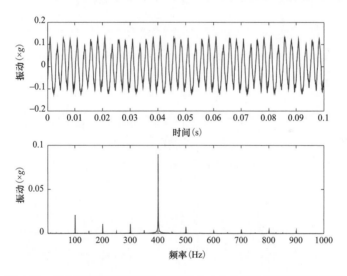

图 6-67　极Ⅰ高端换流变压器 C 相测点 6 本体振动信号波形和频谱

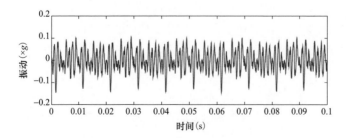

图 6-68　极Ⅰ低端换流变压器 C 相测点 3 本体振动信号波形和频谱（一）

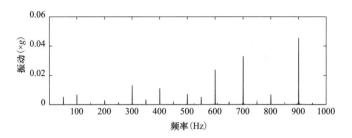

图 6-68　极Ⅰ低端换流变压器 C 相测点 3 本体振动信号波形和频谱（二）

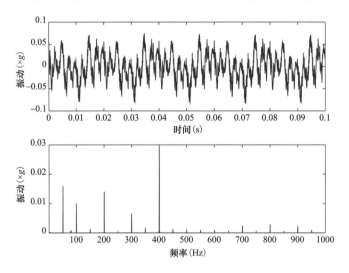

图 6-69　极Ⅰ低端换流变压器 C 相测点 4 本体振动信号波形和频谱

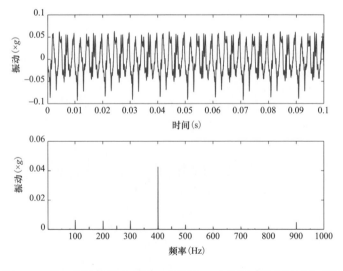

图 6-70　极Ⅰ低端换流变压器 C 相测点 5 本体振动信号波形和频谱

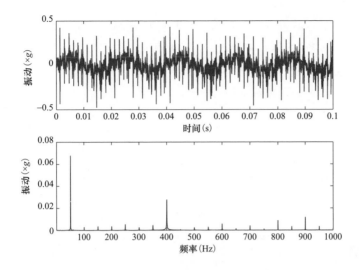

图 6-71　极Ⅰ低端换流变压器 C 相测点 6 本体振动信号波形和频谱

6.5　有载分接开关振动数据库建立

电力系统具有规模庞大、设备众多的特点，运行于各个变电站的变压器 OLTC 分布较为零散，其检修数据和状态信息往往仅能通过联系站内服务人员获得，难以进行统一管理。而基于目前电力系统大数据研究发展的背景，如能够将不同站内的各种型号的 OLTC 的监测数据构建成数据库的形式，对于掌握 OLTC 的实际运行性能和寿命、对比分析历史监测数据及分析各个变电站内变压器的调压情况等的实际需求都具有显著意义。为此，结合前期变电站现场 OLTC 的振动测试数据，本节主要对 OLTC 数据库系统的建立开展研究。

6.5.1　数据库技术简介

数据库（Database）是用于存储和管理海量数据的有力工具，即是按照数据结构来组织、存储和管理数据的仓库，其本身可视为电子化的文件柜——存储电子文件的处所，用户可以对文件中的数据进行新增、截取、更新、删除等操作。

数据库中的数据是为众多用户所共享其信息而建立的，多个用户可以同时共享数据库中的数据资源，即不同的用户可以同时存取数据库中的同一个数据。数据共享性不仅满足了各用户对信息内容的要求，同时也满足了各用户之间信息通信的要求。

数据库的基本结构分三个层次，如图 6-72 所示，反映了观察数据库的三种不同角度。图 6-72 中，以内模式为框架所组成的数据库称为物理数据库；以概念模式为框架所组成的数据称为概念数据库；以外模式为框架所组成的数据库称为用户数据库。分别描述如下：

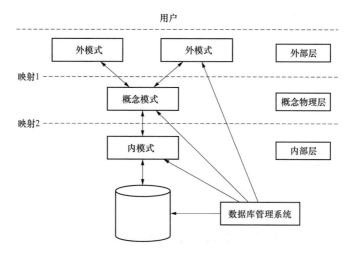

图 6-72 数据库三层基本结构示意图

（1）内部层。即物理数据层，它是数据库的最内层，是物理存储设备上实际存储的数据的集合。这些数据是原始数据，是用户加工的对象，由内部模式描述的指令操作处理的位串、字符和字组成。

（2）概念数据层。它是数据库的中间一层，是数据库的整体逻辑表示。指出了每个数据的逻辑定义及数据间的逻辑联系，是存储记录的集合。它所涉及的是数据库所有对象的逻辑关系，而不是它们的物理情况，是数据库管理员概念下的数据库。

（3）外部层。即用户数据层，它是用户所看到和使用的数据库，表示了一个或一些特定用户使用的数据集合，即逻辑记录的集合。

数据库不同层次之间的联系是通过映射进行转换的，目前已有多个成熟的数据库服务提供方，依据其各自的联系规则和功能特点，用户可便捷地实现对海量数据的高效管理。常用的几种数据库主要有：

（1）MySQL。MySQL 是一个关系型数据库管理系统，由瑞典 MySQL AB 公司开发。MySQL 是一种关联数据库管理系统，关联数据库将数据保存在不同的表中，而不是将所有数据放在一个大仓库内，这样就增加了速度并提高了灵活性。MySQL 是开源的免费数据库，可运行于多个系统上，并支持多种编程语言，同时，对 PHP 有很好的支持，而 PHP 是目前最流行的 Web 开发语言。因此，MySQL 数据库得到了非常广泛的应用。

（2）Microsoft Access。Microsoft Office Access 是由微软发布的关系数据库管理系统。它结合了 MicrosoftJet Database Engine 和图形用户界面两项特点，是 Microsoft Office 的系统程序之一。软件开发人员和数据架构师可以使用 Microsoft Access 开发应用软件，"高级用户"可以使用它来构建软件应用程序。和其他办公应用程序一样，ACCESS 支持 Visual Basic 宏语言，它是一个面向对象的编程语言，可以引用各种对象，包括 DAO（数据访问对象）、ActiveX 数据对象，以及许多其他的 ActiveX 组件。可视对象用于显示表和报表，它们的方法和属性是在 VBA 编程环境下，VBA 代码模块可以声明和调用 Windows 操作系统函数。

（3）Oracle。Oracle 数据库是甲骨文公司开发的一款关系数据库管理系统，也是目前世界上应用最为广泛的数据库管理系统，作为分布式数据库它实现了分布式处理功能。它提供了 clob 和 blob 数据类型用于存储大文本和大二进制对象。Oracle 数据库具有完整的数据管理功能，能存储大量容数据，保存数据持久，可共享，数据安全可靠等特点。除此之外还具有可用性强、可扩展性强、数据安全性强、稳定性强等优点。

利用数据库进行数据读写，需将用户行为与物理底层逻辑联系起来，实现这一联系的元素称为数据库对象，数据库主要对象包括：

（1）表格。数据库中的表与我们日常生活中使用的表格类似，它也是由行（Row）和列（Column）组成的。列由同类的信息组成，每列又称为一个字段，每列的标题称为字段名。行包括了若干列信息项。一行数据称为一个或一条记录，它表达有一定意义的信息组合。一个数据库表由一条或多条记录组成，没有记录的表称为空表。每个表中通常都有一个主关键字，用于唯一地确定一条记录。

（2）索引。索引是根据指定的数据库表列建立起来的顺序。它提供了快速访问数据的途径，并且可监督表的数据，使其索引所指向的列中的数据不重复。如聚簇索引。

（3）视图。视图看上去同表具有非常相似的外观，它具有一组命名的字段和数据项，但它其实是一个虚拟的表，在数据库中并不实际存在。视图是由查询数据库表产生的，它限制了用户能看到和修改的数据。由此可见，视图可以用来控制用户对数据的访问，并能简化数据的显示，即通过视图只显示那些需要的数据信息。

（4）图表。图表其实就是数据库表之间的关系示意图。利用它可以编辑表与表之间的关系。

（5）默认值。默认值是当在表中创建列或插入数据时，对没有指定其具体值的列或列数据项赋予事先设定好的值。

（6）规则。规则是对数据库表中数据信息的限制。它限定的是表的列。

（7）触发器。触发器由事件来触发，可以查询其他表，而且可以包含复杂的 SQL 语句。它们主要用于强制服从复杂的业务规则或要求。也可用于强制引用完整性，以便在多个表中添加、更新或删除行时，保留在这些表之间所定义的关系。

（8）语法。需输入某数据库特定语法命令才能实现所需功能，通常可表示为：Create Trigger 触发器名称 on 表名；

for {操作}（即 insert，update，delete 等命令）

as

执行行或者程序块；

执行触发器；

在对表做相应操作时触发。

触发器是一个用户定义的 SQL 事务命令的集合。当对一个表进行插入、更改、删除时，这组命令就会自动执行。

以上对象的核心是表格，所需存储的任意信息均以某一数据格式，保存在数据库的表中，根据用户定义规则和触发选项生成视图以供用户查看。

6.5.2 有载分接开关振动数据库的建立

根据数据库建立的基本框架，结合组成数据库的元素的各自特征，数据库可具有多种不同性质的结构。对于 OLTC 切换时的振动监测信号而言，首先应分析其符合用户逻辑的数据组织方式，如图 6-73 所示。

图 6-73　分接开关振动数据查询逻辑

考虑到 OLTC 切换时的振动监测信号具有明显的层次性结构，不利于通过单一主键信息对其进行平行式存储管理，而树形结构最符合其实际特征，有利于数据组织与查询。树形结构具有数据存储冗余度小、直观性强，检索遍历过程简单高效，节点增删改查操作高效等特点。对本节数据建立树形数据库可通过对图 5-49 流程进行展开而获得，如图 6-74 所示。图 6-74 中，树的每一层节点均具有一个主键值，即特征标识，例如变电站层可包含本章所涉及明珠站、江南站等，这样一来，可通过逐层选定信息，以方便地获得任意测试数据，同时，有新测试数据时，将其扩充进原数据库也十分便捷。

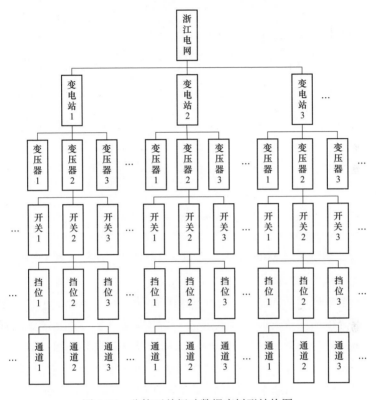

图 6-74　分接开关振动数据库树形结构图

　　根据上述对 OLTC 振动数据库的建立思想，考虑到 Microsoft Office 系列软件在业内所具有的出色兼容性和便于操作、维护的特性，本节采用 Microsoft Access 可视化数据库管理软件进行浙江公司分接开关振动数据库设计。

　　图 6-75 所示为在 Access 中所建立的数据库的基本结构。其中，每一组数据被视为一个单独的数据表（Data Table）对象，多个对象被嵌入到数据集（Data Set）中，Data Set 类包含了数据表的集合和关系的集合。数据表集合包含一组数据表，即 Data Table 对象；关系集合包含一组 Data Relation 对象，它建立起了 Data Table 对象间的相互关系。

　　在该体系结构下，用户获取每一条数据均需通过一个数据提供程序（Data Provider），其又由数据库连接（Connection）、数据库命令（Command）、数据适配器（Data Adapter）、数据读取器（Data Reader）等组成。

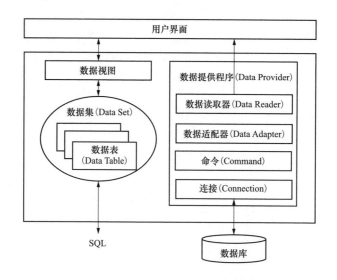

图 6-75　Access 数据库基本结构

基于此，本节采用 Microsoft Access 2013 建立"浙江公司 OLTC 振动数据库"数据库。具体过程如下：

首先创建数据表和关系，这是整个数据库的基础及核心，作用是存储原始数据。详细分析所需数据间的关系是整个数据库的框架，也是能够正确高效运行的关键。这里创建六张数据表，分别添加所需字段名和数据类型，并设置字段大小、格式、默认值等。某些字段需设置有效性规则（如切换挡位表需依据实际分接开关情况设置有效挡位）或采用默认值（如测试工况默认为"正常"），以提高输入效率。各表定义不同的主键，其字段设置如表 6-9 所示。

表 6-9　　　　　　　　　　　　数据表及其字段设置

电站名称表	字段名称	电站 ID	电站地点	
	数据类型	字符型	文本型	
变压器表	字段名称	变压器 ID	变压器型号	测试日期
	数据类型	字符型	文本型	文本型
有载分接开关表	字段名称	分接开关 ID	分接开关型号	
	数据类型	字符型	文本型	
测试工况表	字段名称	测试工况 ID	测试工况名称	
	数据类型	字符型	文本型	

续表

切换挡位表	字段名称	切换挡位 ID	切换挡位	
	数据类型	字符型	文本型	
数据通道表	字段名称	测试通道 ID	通道名称	测试数据
	数据类型	字符型	文本型	数值型

由于每个电站可有多台变压器与多个分接开关，每个分接开关可存在多种挡位切换和对应的多个通道的监测信号，依此类推创建表间关系，关系类型"一对多"，并勾选实施参照完整性，级联更新相关字段，级联删除相关字段等选项，以确保各数据表的关联性，软件中设置各表关系如图 6-76 所示。

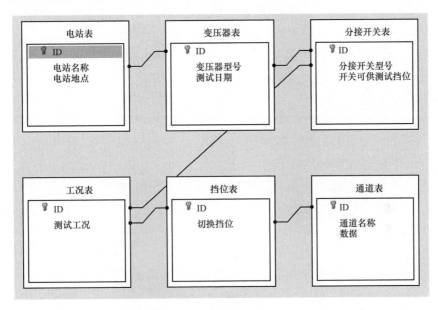

图 6-76　数据表关系图

在此基础上，采用结构化查询语言（Structured Query Language，SQL）创建电站、测试时间、测试地点、测试工况等多个查询，方便查阅及增删，并生成报表。

最后，将现有的多个变电站变压器/换流变压器的各次振动监测信号依次导入数据库，从而可实现对于各个站点、不同开关类型和规格、不同挡位切换等情况下的典型振动信号数据的便捷查询和调取。如图 6-77 所示永康明珠站某测试信号在 Access 软件中的结构展开图，其中，每个数据表的 ID 号表示某条数据的序数，例如 ID 2-2-1-1-4-1 表示该条数据为库中第 2 个电站的第 2 台变压器的第 1 台开关，正常工况下所记录第 4 个挡位的通道 1 采集数据，可以看到，该数据采集于浙江金华永康明珠站，测试变压器型号为 SSZ11-240000/220，测试时间为 2017 年 11 月，分接开关型号为 VRDⅢ-1000 Y/1，为正常带电工况下测试，所选挡位为 5-6，数据通道为通道 1，各重要信息都在数据库目录树式结构中得到了清晰展示。

图 6-77　Access 数据组织结构

6.6　本　章　小　结

（1）基于能量比判据循环奇异值分解的信号分离方法能够有效提取主变压器在运状态下 OLTC 换挡过程中的振动信号。采用脉冲能量变化速率法分别对 OLTC 带电、不带电切换过程中产生的振动信号进行脉冲指标统计分析的结果显示：OLTC 振动信号的触发脉冲均具有良好的分布规律，表明了 OLTC 重复性良好的触头切换程序。

（2）真空 OLTC 与传统油灭弧式 OLTC 在触头切换原理上的区别较大，两者的振动波形差异也较为显著。DBSCAN 聚类算法对 OLTC 振动信号的特征指标（动作点数和离散点数）的对比发现，真空 OLTC 振动信号离散点数及动作点总数均多于油灭弧式 OLTC，反映了真空 OLTC 振动信号多脉冲分散分布的特点；而油灭弧式 OLTC 振动信号少脉冲集中分布的特点。

（3）OLTC 油室内绝缘油的影响较大，表现为绝缘油的阻尼或润滑等削弱了切换开关所产生的振动信号的振动模式，降低了 OLTC 振动信号的复杂性。变压器油箱内绝缘油对 OLTC 振动信号的振动模式的影响相对有限，呈现出随机性特征。

（4）利用数据库技术建立 OLTC 振动数据库，采用 SQL 技术将不同站点的测试数据存入数据库，利用 ACCESS 软件对数据进行可视化管理，实现了数据的便捷查找与调用，提高了对大量测试数据进行统一管理的效率，对于 OLTC 振动监测有效实施具有重要的实用价值，同时可为分接开关机械状态诊断工作提供有力支持。

（5）自适应形态学组合滤波与 Morlet 小波变换相结合的 OLTC 振动特性分析方法，能够准确提取换流变压器 OLTC 振动信号的时域特征指标。特征指标在统计图中的分布规律能够准确判断换流变压器用 OLTC 的运行状态，可用于真空 OLTC 的振动监测分析。

（6）基于能量比判据的循环奇异值分解信号分离方法能够较好地实现对在运换流变压器 OLTC 带电切换过程中振动信号的降噪，从而有效地获取 OLTC 振动波形的触发脉冲信息。

（7）对换流变压器箱壁处的振动信号进行频谱分析发现，OLTC 同挡位切换振动信号时域包络脉冲分布规律较为相似，信号重复性较好，其主要差异表现为因测点位置不同而导致的振幅不同。同时，换流变压器大部分测点处本体振动信号以 400Hz 为主要成分，其他频谱分量占比较小，而不同测点处的振动信号频谱分布规律存在差异。

第 7 章 总 结

（1）对 OLTC 故障及对变压器与系统运行的影响表明：切换开关部件的松动隐患或故障是其主要机械故障，约占 50%以上，且会有可能诱发触头接触不良、过热等故障，需要重点关注。此外，"跨挡"或"咬挡"等机械故障亦较为常见，且后果较为严重。OLTC 的故障会直接影响到电力系统的电压稳定性，严重情况可能导致电压崩溃。

（2）OLTC 换挡过程中产生的机械振动与开关本体的机械状态密切相关，运行工况的不同，使得振动信号在脉冲幅值、脉冲间隔等方面均有所差异；当 OLTC 发生滑挡或传动机构故障时，驱动电动机电流的持续时间与幅值明显增大；OLTC 处于正常或其他各类如切换开关部件故障工况时，OLTC 多挡位切换时电流信号一致性良好，借此可准确识别 OLTC 滑挡和传动部件故障。

（3）基于网格分形的 OLTC 振动信号峭度分析法可定量描述不同工况下 OLTC 振动信号的尖峰脉冲分布特征，当 OLTC 存在卡涩故障时，其振动信号的峭度值达到 100 左右，而 OLTC 处于其他运行工况下的峭度值仅为 4～5，据此能够有效识别 OLTC 的卡涩故障。基于自适应形态学组合滤波与 Morlet 小波变换相结合的 OLTC 振动特性分析方法，能够准确提取 OLTC 振动信号的时域特征指标。运行状态系数 E_{co} 可有效反映 OLTC 正常与典型故障时的振动特性差异，借此可准确判别 OLTC 的正常、非正常运行状态，但 E_{co} 对不同机械故障的区分度有限。利用 TQWT 分解 OLTC 振动信号得到各能量子序列，并计算其灰色关联度，可准确描述不同工况下振动信号间的特征能量分布的相似程度。当 OLTC 存在机械故障时，振动信号子序列能量分布发生明显变化，说明了 OLTC 正常与典型故障时的振动特性存在明显差异；当 OLTC 故障程度不同时，在故障不同发展阶段的振动信号同样存在特征指标差异。基于相轨迹轮廓的 OLTC 振动信号相空间特征提取方法可有效获取 OLTC 机械振动的动力学特征信息，OLTC 同侧挡位切换振动信号 DTW 较为接近，但异侧挡位振动信号 DTW

存在差异。不同测点处振动信号的 DTW 在时域幅值/能量均有所不同，表明了不同位置处振动信号的动力学特征存在差异。

（4）由 OLTC 不同工况下振动信号特征量训练得到 HMM 模型库能够准确表征 OLTC 典型机械故障的状态信息，在基于 HMM 库对不同故障类型及对同种故障不同程度的故障工况进行识别时，识别准确率均可达 95% 以上。决策树识别算法能够结合不同工况特征序列彼此间的差异性，自适应地训练得到区分最为明显的特征维数，以典型维数的特征值作为分支判据，并根据不同的分裂值可对不同工况进行状态评估。基于模糊集理论的故障识别算法可由相轨迹轮廓序列的 DTW 建立相应的故障工况模糊库，并使用贴进度指标实现对模糊库与待识别样本的模式匹配。对多种工况测试样本进行模糊推理和故障诊断的结果表明，识别成功率大都在 90% 以上，具有较好的诊断效果。

（5）基于评分函数及贝叶斯概率理论的 OLTC 机械性能评估方法，能够综合已有的多种振动信号特征量、电流特征指标及台账信息，建立完整的 OLTC 机械性能评价体系。结果表明，该方法所建立的综合评分表能够准确表征 OLTC 的综合状态水平，具有较高的评估准确性与置信度，从而可为 OLTC 状态维修策略的开展提供重要参考。

（6）利用能量比判据循环奇异值分解的信号分离方法对 OLTC 带电切换的振动信号进行滤波处理，能够有效滤除变压器本体振动及背景噪声，实现 OLTC 换挡过程中振动信号的准确提取。利用 DBSCAN 聚类算法能够有效提取了 OLTC 振动信号的特征指标（动作点数及离散点数），发现真空 OLTC 振动信号的离散点数和动作点总数均较多，可表现其时域波形特征脉冲多而分散的特征；油灭弧式 OLTC 振动信号的离散点数和动作点总数均较少，能够反映其时域波形特征脉冲少却集中的特点。

（7）基于可调品质因子小波变化和近似熵的方法分析了变压器油箱和 OLTC 油室内均有油、变压器油箱内有绝缘油和 OLTC 油室内无绝缘油、变压器油箱和 OLTC 油室内均无绝缘油三种状态下 OLTC 切换过程中的振动信号，发现 OLTC 油室内绝缘油的影响较大，表现为绝缘油的阻尼或润滑等削弱了切换开关所产生的振动信号的振动模式，即计算得到的近似熵较小降低了 OLTC 振动信号的复杂性。而变压器油箱内绝缘油对 OLTC 振动信号的振动模式的影响相对有限，呈现出随机性特征。

（8）采用 SQL 技术将不同站点的 OLTC 测试数据存入数据库，并利用 ACCESS 软件对数据进行可视化管理，可显著提升工作人员对数据进行查找和调用的便利性，提高了工作效率。数据库的建立对于 OLTC 振动监测有效实施具有重要的实用价值，同时可为 OLTC 机械状态诊断工作提供有力支持。

（9）利用优化 Morlet 小波变换计算得到的包络曲线可以较为准确地反映换流变压器真空 OLTC 振动信号触发脉冲的时域特征，基于包络曲线所定义的特征指标 K 能够有效表征 OLTC 振动信号脉冲间能量的变化，K 值在特定范围内呈现集中分布，表明了真空 OLTC 的振动信号良好的脉冲分布规律，同时也一定程度上反映了 OLTC 稳定的运行状态。

（10）正常运行状态下，换流变压器用 OLTC 同挡位切换振动信号重复性良好。换流变压器本体振动信号以 400Hz 为主要成分，其他频谱分量占比均较小，且不同测点处的振动信号频谱分布规律存在差异。